L'AGRICULTURE
PROGRESSIVE

OUVRAGES DU MÊME AUTEUR
QUI SE TROUVENT A LA MÊME LIBRAIRIE

LE POËME DES CHAMPS. 1 volume in-18 jésus, broché..... 3 50

Ouvrage couronné par l'Académie française.

LA PRIME D'HONNEUR. 1 vol. in-18 jésus broché.......... 1 »

PETIT-PIERRE, livre de lecture à l'usage des écoles rurales.
1 vol. in-12, cartonné................................ 1 »

Ouvrage dont l'introduction dans les écoles est autorisée par
le ministre de l'instruction publique.

IMPRIMERIE L. TOINON ET Cᵒ, A SAINT-GERMAIN

L'AGRICULTURE
PROGRESSIVE

A LA PORTÉE DE TOUT LE MONDE

PAR

CH. CALEMARD DE LA FAYETTE

PARIS

LIBRAIRIE DE L. HACHETTE ET Cⁱᵉ

BOULEVARD SAINT-GERMAIN, Nº 77

—

1867

L'AGRICULTURE

PROGRESSIVE

A LA PORTÉE DE TOUT LE MONDE

AVANT-PROPOS

I

POURQUOI ET POUR QUI CE LIVRE?

I. Il m'est peut-être permis de penser que je ne serai pas tout à fait un inconnu pour quelques-uns des braves habitants de nos campagnes, auxquels ce petit livre est plus spécialement destiné. Sur les bancs ou hors des bancs, à l'école ou au sortir de l'école, certains d'entre eux peuvent avoir lu, par hasard, le modeste volume intitulé PETIT-PIERRE *ou le bon Cultivateur*, ouvrage de lecture courante, dont les éditions tirées à plus de dix mille exemplaires, se succèdent désormais avec une régularité constante, et où je me suis efforcé de mettre les plus indispensables notions de science agricole à la portée des plus jeunes intelligences.

Un second ouvrage, intitulé la PRIME D'HONNEUR, a

1

eu pour but de fournir aux lecteurs du village, adultes ou hommes faits, une lecture d'un ordre déjà plus élevé, tout en continuant la série des enseignements agricoles gradués qu'il me semble utile de propager parmi les populations rurales.

Dans les deux livres que je viens de mentionner, j'ai dû chercher, à l'aide d'un récit d'invention, de ce qu'on appelle une fiction, une fable capable d'inspirer quelque intérêt, j'ai dû chercher, d'abord, à faire accepter les leçons d'agronomie élémentaire qui pouvaient convenir à des esprits manquant de toute étude préparatoire.

Dans la troisième publication que je présente aujourd'hui aux mêmes lecteurs, je crois pouvoir m'affranchir de la précaution, sage sans doute au début, qui m'avait fait adopter le cadre du *roman* pour y cacher, avec plus ou moins d'art, l'aridité des premières leçons. J'arrive donc directement, cette fois, à l'enseignement technique ou professionnel. Mais je ne me dissimule pas, non plus, combien il faut encore ici avancer avec mesure. C'est par petites bouchées, si je puis m'exprimer de la sorte, c'est à petits coups qu'il faut donner au plus grand nombre le pain et le vin de la science.

Toutefois, pour que cette troisième lecture soit aussi profitable que je le désire, il sera certainement utile, sinon indispensable, que le lecteur connaisse déjà Petit-Pierre et la Prime d'honneur.

Je répète que ces deux premiers ouvrages sont, dans la série de mes modestes leçons agronomiques, une préparation naturelle pour arriver au résumé de petite agriculture progressive que je publie aujourd'hui. Bon nombre de préceptes ou d'explications,

formulés dans Petit-Pierre ou la Prime d'honneur,
me dispensaient d'y revenir avec détail une troisième
fois ; mais, pour être ici suffisamment complet, suffisamment compréhensible surtout, j'eusse été souvent
réduit à me recopier, à redire ce qui a déjà été dit, si
je n'àvais la ressource de renvoyer d'avance le lecteur aux deux publications qui ont logiquement pré-
cédé celle-ci.

II. Du reste, mon nouveau volume n'est lui-même
encore ni un traité élémentaire ni un manuel spécial
de culture. Le vrai livre de culture, le guide pratique
du cultivateur en action devrait être, dans ma pensée, le sujet d'une quatrième publication, destinée à
compléter l'œuvre d'ensemble que je me suis proposé
de réaliser.

Pour aujourd'hui, il s'agit d'autre chose.

Mettre à la portée du plus grand nombre un indi-
cateur sommaire, rapide et sûr des principales améliorations qui peuvent s'exécuter pas à pas, jour par
jour, dans toutes les conditions, même avec les ressources les plus limitées ; offrir à tous une sorte de
memento (*memento* signifie *souvenez-vous*), une sorte
d'*agenda* (*agenda* veut dire : note des choses à faire),
à l'usage des plus petits, des plus novices, du plus
grand nombre, en un mot ; voilà le but très-humble
mais digne encore d'être poursuivi, que je me suis
proposé, en écrivant ces simples causeries sur les
points principaux de la question agricole.

Un tel ouvrage n'aura sans doute que bien peu de
choses à apprendre à ceux qui ne sont pas dépourvus
de toute instruction professionnelle. Mais combien
de cultivateurs en sont à ignorer encore les premiers
éléments de ce qu'ils devraient savoir ! Combien

n'ont jamais rien appris de ce qui les concerne si particulièrement, de ce qui touche le plus directement à leur propre métier !

C'est pour ceux-là surtout que je me suis efforcé de renfermer dans un cadre très-limité un enseignement facile à comprendre et presque aussi facile à mettre en pratique.

Essayant de marquer les premières étapes dans la voie du progrès agricole, je règle la marche à la mesure des plus courtes enjambées et selon les forces de ceux qui en ont le moins.

L'agriculture du plus grand nombre est un malade encore bien chancelant; il ne faut pas songer à lui demander des efforts trop multipliés. Qu'elle ne reste pas immobile, ce sera déjà beaucoup. Lui conseiller d'aller très-vite, ce serait perdre son temps, ses paroles et sa peine; et, en ceci comme en bien d'autres choses, savoir s'accommoder de peu, c'est se donner la seule chance de n'être pas réduit à se contenter de rien.

III. Pour moi, à qui donc aurai-je ici plus spécialement affaire? A qui dois-je vouloir parler de préférence?

Cet honnête garçon, fidèle à son village et prêt, au sortir de l'école, à saisir avec une ardeur méritoire le manche de la charrue, ce fils de cultivateur sachant lire, écrire et compter, mais ne sachant guère que cela; sachant lire, ai-je dit, mais oubliant chaque jour ce qu'il sait; ce jeune homme qui va exercer son état, en aveugle, pour ainsi dire, avant d'en connaître le premier mot, sans se douter que l'agriculture puisse avoir des livres, des règles, des lois, et qu'elle soit par conséquent un art supérieur, une science, une véritable science.

L'ancien lui-même, longtemps esclave de la routine, ce bon paysan resté trop souvent étranger à tout enseignement théorique et dépourvu, de la sorte, lui aussi, de toute instruction professionnelle;

Tous ceux-là ne peuvent-ils pas néanmoins un jour aspirer à mieux faire, à sortir de l'ornière, à imiter ceux qui marchent, et, dans ce louable dessein, vouloir enfin étudier quelque chose?

Or, c'est précisément pour les hommes si dignes d'intérêt dont je parle, que je voudrais simplifier les leçons bien supérieures, mais aussi bien moins accessibles, des maîtres de l'agronomie. Je voudrais que les lecteurs, même les moins préparés, pussent acquérir, par la lecture de ce petit livre, quelques notions réellement pratiques, quelques principes incontestés et hors de toute discussion désormais, propres à devenir pour eux le premier mobile d'un effort nouveau.

A un point de vue différent, l'INSTITUTEUR lui-même, autrement apte à tirer parti de l'étude et à se laisser guider par ses lectures;

Le propriétaire foncier qui réside, soit constamment, soit seulement de temps à autre sur ses terres;

Le jeune homme enfin, quel qu'il soit, fraîchement sorti d'un cours quelconque, en quête peut-être d'une vocation, et que le bon conseil d'un livre sincère influencera parfois d'une manière décisive dans le choix d'un état;

Tous ceux-là encore devraient également, (en admettant que l'auteur eût réalisé complétement sa pensée), devraient trouver dans la série des publications auxquelles se rattache l'ouvrage qu'on va lire, un profit quelconque, une inspiration utile, quelque conseil facile à saisir et presque aussi facile à suivre, moins que cela si l'on veut, une indication opportune, moins que cela encore, une simple réminiscence de ce qu'ils savent peut-être, de ce qu'ils ont déjà lu, déjà vu, mais de ce qu'ils ont oublié.

IV. Qu'il en soit ainsi, je ne demande rien de plus. La tâche que je me suis donnée n'est pas autre et je ne vise pas au-delà.

Cette tâche est certainement secondaire; elle ne me semble pourtant point à dédaigner. Ce qui lui donne son prix, c'est qu'elle comporte, à coup sûr, un peu de dévouement; et le dévouement peut même ne pas être ici pour l'auteur sans quelque abnégation, sans quelque oubli de soi.

Mais quel plus noble emploi faire de son dévouement que de le mettre au service de cette grande cause, de cet intérêt presque sacré de l'agriculture dont tous les autres intérêts dépendent d'une façon si manifeste? Quel sujet plus digne de toutes les préoccupations de nos pensées et de toutes les sollicitudes de nos cœurs que le progrès matériel et moral du peuple des champs?

Père nourricier de tous, dont la grande industrie donne à tous le pain, le vin, le lait, la chair, l'huile, et la laine, et la soie, et le fil, et le cuir, et le bois; qui nourrit l'homme, le vêt, l'éclaire, le chauffe après l'avoir nourri, et dont la prospérité peut seule assurer toutes les prospérités d'une nation, le peuple des champs mérite assez qu'on le serve et qu'on l'aime; et s'il suffisait de l'aimer pour le bien servir, je me croirais certainement le droit de me considérer comme l'un de ses bons serviteurs.

II

QU'EST-CE QUE L'AGRICULTURE.

Qu'est-ce que la science et le progrès en agriculture.

I. L'AGRICULTURE, *la culture des champs* est la mise en œuvre du sol en vue d'y faire multiplier, croître et fructifier les nombreux produits de la terre, nécessaires ou utiles à l'homme et aux animaux dont l'homme a besoin.

L'agriculture est de la sorte, une profession, un métier, c'est-à-dire un emploi laborieux de nos forces et de notre intelligence. A un autre point de vue, elle est une industrie et un art ; une industrie plus ou moins habile, un art plus ou moins perfectionné.

Envisagée comme profession, l'agriculture, qui est, en fait, le lot le plus général, le métier du plus grand nombre, apparaît aussi, manifestement, comme l'occupation la plus naturelle, comme la destination la plus normale de l'homme, c'est-à-dire la plus conforme aux lois de notre nature et aux desseins du Créateur.

Dieu a dit à notre premier père :

« Tu tireras ta nourriture de la terre, avec un grand labeur.

« ... Tu mangeras ton pain à la sueur de ton front. »

La nécessité même, c'est-à-dire les besoins impérieux de notre existence, affirment de nouveau chaque jour, à tous, cette éternelle et incontestable vérité.

La profession agricole mérite donc qu'on s'efforce de la placer chaque jour plus haut dans l'estime des peuples. Elle mérite qu'on l'honore entre toutes les professions ; et l'une des meilleures manières de l'honorer c'est de la grandir autant qu'on le peut comme industrie, comme art, comme science.

Elle mérite également qu'on travaille avec zèle, avec amour à la rendre de plus en plus prospère, de plus en plus féconde, de plus en plus profitable pour tous, et rémunératrice, c'est-à-dire lucrative pour celui qui l'exerce.

Or, le meilleur moyen pour atteindre ce second résultat, c'est encore et toujours de l'éclairer, de l'instruire ; de la conduire à mieux faire, de la guider vers le progrès, par les bons conseils d'un enseignement judicieux, par les bons exemples d'une pratique rationnelle, améliorante, soumise autant que possible aux lois de la vérité scientifique.

II. Mais si l'agriculture est la profession la plus digne de tous les respects des hommes, si elle est l'industrie la plus indispensable, on peut presque dire la seule absolument, partout et toujours, indispensable à la vie des peuples ; si, théoriquement et aux yeux de la raison, elle a le droit d'être considérée comme le premier des arts, n'est-il pas bien triste et bien honteux, n'est-il pas déplorable que, par le fait de la routine et de l'ignorance, cette profession soit la moins rétribuée, cette industrie soit la moins prospère, cet art soit le dernier de tous ?

J'appelle, en effet, le dernier des arts, celui où les connaissances spéciales et nécessaires font le plus complétement défaut ;

Celui où l'on aurait besoin d'un savoir professionnel et où manquent les premiers éléments de ce savoir ;

Celui qui dépend de la science, qui dépend pour ainsi dire de toutes les sciences, qui ne peut rien de sérieux sans elles, qui devrait être lui-même une science et qui ne s'en doute même pas.

Oui, l'agriculture est ou devrait être une science.

Non pas que tout cultivateur dût être un savant, mais tout cultivateur devrait savoir quelque chose, avoir étudié et compris quelque chose. Ce quelque chose, le *nécessaire* de l'instruction professionnelle de chacun, ce ne sera pas la science de l'agriculture, mais ce sera la connaissance raisonnée du métier, la notion pratique des principales lois de la profession. Or, l'ensemble de ces connaissances, la science de ces lois, se nomme *l'agronomie*.

III. Aux premiers âges des sociétés, sur un sol où l'espace abonde pour tous, dont nul ne dispute encore la possession aux autres, et qui, de la sorte, appartient pour ainsi dire au premier occupant, les hommes ayant à peine les premières notions de l'épargne et de l'échange, chacun vit pour ainsi dire à part et au jour le jour des produits de son propre travail, des fruits obtenus directement de son propre sol, sans songer encore à les multiplier au-delà des besoins d'une famille ou à accumuler des excédants pour la vente.

Alors, la terre ne manquant jamais à la culture, il n'est pas de raison pour resserrer les produits sur un espace rigoureusement limité. On *assole* dans l'étendue des surfaces, et non pas dans la succession des années ; c'est-à-dire que chaque année la production change de place au lieu de changer de nature. On délaisse pour longtemps le sol qui vient de porter une récolte ; on n'y reviendra que bien plus tard ; et pourquoi se presserait-on d'y revenir, puisque l'espace ne manque point ailleurs?

Voilà l'agriculture dans son enfance. Il lui est permis, en de telles conditions, d'être un métier sans efforts. La routine et l'ignorance règnent sans obstacle, presque sans inconvénient, jusqu'au jour où d'autres nécessités impérieuses forceront à chercher *l'intensité* de la production, c'est-à-dire le *resserrement* de récoltes abondantes, sur un espace relativement étroit.

Dans un état de civilisation avancée, dans les pays où la population s'est accrue et s'accroît toujours, les choses, en effet, ne tardent pas à changer de face.

La production agricole y reste malheureusement toujours trop sensiblement inférieure à ce qu'elle devrait être, puisque des masses bien nombreuses encore ont journellement à souffrir de l'insuffisance des ressources alimentaires, et, trop souvent même, à subir les angoisses de la faim.

Or, s'il est vrai que l'homme, impuissant à supprimer la mort en vertu de la loi rigoureuse qui pèse sur sa destinée, soit également impuissant à s'affranchir d'une manière absolue de la misère, il ne lui est cependant pas interdit d'espérer qu'à l'aide de sa volonté et des ressources de son intelligence, qu'à l'aide du travail fécondé par le savoir, il parviendra, tout au moins à triompher de la faim.

Ainsi se révèle à tous les esprits éclairés, à tous les

cœurs droits, le grand devoir, la mission sacrée, j'ose le dire, du cultivateur et de la culture.

Et l'ensemble des considérations qui précèdent met suffisamment en évidence les nécessités d'un *progrès agricole*, l'importance de l'*agronomie*.

IV. L'agronomie, le progrès agricole par conséquent, ont également pour objet le perfectionnement des moyens de culture et l'accroissement de la production par une pratique toujours plus conforme aux enseignements de la science et de l'expérience.

Les enseignements de la science, c'est ce qu'on appelle aussi la *théorie* ;

Les leçons de l'observation et de l'expérience sont le résultat de la *pratique*.

THÉORIE et PRATIQUE, SCIENCE et EXPÉRIENCE, sont toutes deux également nécessaires.

· Sans la pratique, la théorie n'est jamais suffisamment sûre d'elle-même, elle manque d'une démonstration décisive ;

Sans la théorie, la pratique marche à tâtons ; elle ne peut rien tenter qu'au hasard ; il lui faudra vingt essais souvent inutiles pour atteindre un seul résultat qui ait de la valeur.

Or, en agriculture il n'en est pas comme en toute autre industrie ; les expériences ne se renouvellent pas à volonté ; on ne peut pas les accumuler, les resserrer; les faire se succéder les unes aux autres, dans un cabinet, dans un laboratoire, et en quelques jours seulement. Il leur faut le temps et l'espace ; il leur faut des saisons entières, des années entières ; il leur faut même des séries d'années, des successions de récoltes ce qu'on appelle des *rotations d'assolement*, etc.

Et toutefois (nous le verrons plus tard, mais je tiens

à le dire dès à présent), les *essais* doivent jouer un grand rôle dans les tentatives d'un progrès sage, prudent, réfléchi. Les essais en petit, exécutés avec soin, avec méthode, avec suite et précision, sont au nombre des plus utiles conseillers que puisse interroger un cultivateur progressif.

L'expérience est encore le meilleur, le plus éloquent professeur d'agriculture.

V. Je résume tout ce qui précède dans les termes suivants :

L'art de cultiver la terre doit s'élever aujourd'hui à la hauteur d'une science.

Celui qui exerce cet art a besoin de savoir beaucoup de choses que la science peut seule enseigner.

Si l'agriculture primitive, arriérée, routinière, s'est pendant longtemps contentée de fournir les produits indispensables à la consommation de tous; et cela dans des conditions quelconques de succès plus ou moins satisfaisants, de résultat plus ou moins complet; en dehors de tout calcul de force dépensée, de capital employé, de labeur accompli, sans étude, en un mot, du prix de revient, l'agronomie et le progrès agricole ont désormais une tâche plus difficile, plus rigoureuse, et pour laquelle la routine et le métier ne peuvent pas suffire.

L'agriculture, en général, sans compter comme je viens de le dire, ni le temps, ni l'espace, ni l'argent, ni la peine, crée une production alimentaire quelconque, variable, inégale, douteuse;

La science et le progrès poursuivent la solution plus ardue que voici :

Un sol limité, une surface restreinte étant donnés, obtenir la plus grande somme et la plus haute valeur de produits aux moindres frais, c'est-à-dire avec le moins d'argent, de temps et d'efforts possible.

III

UN PETIT PROGRAMME D'AGRICULTURE PROGRESSIVE.

I. Le but étant ainsi nettement déterminé, quels moyens employer pour l'atteindre ? Quels moyens surtout, employer les premiers ? par quoi commencer en un mot ? — Je vais essayer de le dire d'une façon sommaire.

Jamais, à coup sûr, il n'a été parlé autant qu'aujourd'hui de progrès agricole, d'amélioration, de perfectionnements, de transformations radicales de l'agriculture. C'est là, je le veux bien, un très-bon signe, qui atteste un mouvement heureux dans les esprits et qui concorde, d'ailleurs, avec des efforts nombreux et méritoires accomplis sur le terrain même de la pratique.

Mais n'arrive-t-il pas trop souvent que les exigences de la théorie sont vraiment excessives ? Ne demande-t-on point, beaucoup trop à la fois ; ne demande-t-on point par conséquent, l'*impossible* à la grande généralité des cultivateurs, nouveaux venus dans la voie du progrès, recrues faibles et inexpérimentées en qui le bon vouloir, fût-il infini, ne peut tenir lieu de toutes les forces qui leur manquent ?

D'un autre côté, tout ce qui s'est fait en bien des endroits, tout ce qui se fait de bon, lentement, patiemment, non sans incertitudes et sans mécomptes; mais avec courage et quelquefois avec une intelligence remarquable tout cela est-il toujours assez équitablement apprécié? Mon dieu, non! Pour plus d'un réformateur trop ardent, tout cela est peu de chose encore, et semble être mentionné tout au plus, comme un commencement bien insuffisant des grandes œuvres qui restent à entreprendre?

Que si l'agriculture ose élever quelques plaintes au milieu d'une de ces crises difficiles qu'elle a si fréquemment à subir, les progressistes de cabinet, ces vainqueurs à la plume qui ne doutent de rien, n'ont-ils pas leur réponse toute prête!

« Pourquoi, diront-ils, l'agriculture française est-elle si déplorablement arriérée? Pourquoi, vous cultivateurs, ne profitez-vous pas mieux des leçons qu'on vous donne? Les bons conseils ne vous sont-ils pas prodigués avec une générosité rare? Ne vous dit-on pas assez tous les jours, ce qu'il faut faire et ne pas faire; et combien vous devez réformer de vos pratiques habituelles, et quelles révolutions complètes vous avez à accomplir dès demain? »

Voilà qui fait admirablement sur le papier et non moins bien dans un discours. Mais enfin, il ne serait peut-être pas mal de s'entendre une fois pour toutes, un peu mieux qu'on ne paraît le faire entre praticiens et docteurs, sur les conditions les plus générales du progrès, d'un progrès circonscrit dans les limites du *possible*.

II. Sans doute il n'est pas impossible, souvent même il serait facile de faire beaucoup mieux en culture qu'on ne fait généralement sur notre sol français.

Mais quand on aura étudié avec nous l'ensemble

des améliorations, qu'on peut considérer comme le strict *minimum*, c'est-à-dire, comme le strict nécessaire d'un premier et modeste progrès désirable pour tous, on verra sans peine que les moindres efforts à tenter dans cette voie sont subordonnés, non pas seulement au savoir, à l'expérience, à l'intelligence et à l'activité de l'exploitant, mais encore et surtout à la *quotité du capital de culture.*

Pour réussir il faut des ressources ; mais pour avoir des ressources il faudrait avoir déjà réussi. Pour récolter beaucoup, il faut bien fumer ; pour bien fumer il faudrait avoir fait consommer beaucoup de fourrage par beaucoup de bestiaux.

Voilà le cercle vicieux, voilà la difficulté du problème dans la plupart des cas, et lorsqu'il s'agit surtout du petit propriétaire, du paysan, du plus grand nombre en un mot.

La théorie progressive à l'usage du riche, le programme de la bonne culture pour celui qui a de larges avances, cette théorie opulente, ce programme généreux, mon Dieu, je le sais, on les trouve partout, ils se muliplient chaque jour.

Certes, il faut louer sincèrement les hommes qui, faisant le plus noble emploi de leur fortune, donnent un peu partout et très-utilement pour tous, les bons exemples de la grande culture. De même, la science élevée qui les guide et les éclaire dans leurs créations a droit à tous les respects. Il y a de grands bienfaits à attendre de ce côté ; tout le monde, tôt ou tard, en recueillera quelque chose ; mais enfin la grande agriculture est encore, en France, et sera même toujours l'exception.

Sachons donc regarder quelquefois ailleurs. Songeons aussi à ceux de qui il ne dépend pas d'élever à volonté leur capital d'exploitation, au chiffre voulu par la théorie et déterminé par les grands exemples; ces grands exemples qu'on suivrait si volontiers, s'il ne s'agissait que de vouloir !

III. Et toutefois, pour être bien compris, j'ai besoin de répéter encore que l'exploitation du sol dénuée de tout capital est une œuvre condamnée d'avance; le capital agricole, je le reconnais, et je me propose même de donner à cette importante question, le pas sur toutes autres; le capital c'est le premier, l'indispensable instrument de tout progrès.

Mais le paysan, on le sait assez, ne choisit pas sa destinée, il n'est pas appelé à opter entre telle ou telle carrière. S'il a eu pour patrimoine une part du sol, s'il y reste attaché, s'il cultive son champ, quand bien même il n'aurait pas à sa disposition les ressources suffisantes, qui dira qu'il ait tort? Qui voudrait, qui oserait l'engager à déserter la condition de ses pères, et à aller chercher au loin une fortune meilleure?

Il n'en est pas de l'agriculture comme de toute autre industrie. On ne peut conseiller à celui qui n'y réussit pas, au gré de ses désirs et de ses espérances, de passer à autre chose, d'essayer d'une autre profession.

Le paysan qui est resté paysan jusqu'à âge d'homme appartient tout entier et pour toujours à la culture; il doit vivre et mourir paysan.

Et si l'argent lui manque, fût-ce d'une manière absolue, il faut certainement le plaindre; sa situation est cruelle, toute liberté d'action lui est refusée; pauvreté en ce cas, c'est réellement esclavage. Mais il n'y a pas là, bien au contraire, il n'y a pas là de raison pour l'abandonner tout à fait, pour le frustrer des enseignements très-bornés, il est vrai, dont il pourrait encore, même dans la condition fâcheuse où il se trouve, tirer quelque profit.

Ainsi il peut y avoir encore quelques bons avis à donner, même à celui qui se meut à grand'peine dans le cercle étroit d'une situation sans avenir.

D'autre part, dans l'insuffisance du capital, il y a bien des degrés. Entre les exigences modérées des agronomes enseignant, comme nous le verrons plus loin, que pour la moyenne des cultivateurs français, un capital de 3 à 400 francs par hectare serait déjà quelque chose, et les systèmes qui ont fait élever, en Angleterre, jusqu'à 2000 francs ce même capital, il y a, Dieu merci, de la marge. Il y a place pour d'assez nombreuses entreprises qui peuvent, en bien des cas, constituer le mieux relatif, et créer une prospérité très-enviable pour le plus grand nombre.

IV. Étant donc admis que, pour la moyenne et la petite culture, qui sont le fait du plus grand nombre, avec un capital limité, insuffisant peut-être, mais enfin avec un capital quelconque, il y a sur le terrain de la pratique, et dans une mesure toute relative, quelques efforts à tenter, quelques progrès à faire, n'est-il pas d'un haut intérêt et d'une urgence évidente, d'étudier avec soin et de vulgariser avec zèle le programme de ces progrès?

Ce programme ne sera certainement ni aussi simple, ni aussi uniforme, ni aussi universellement applicable que beaucoup d'écrivains très-zélés semblent le croire. Il y aura lieu, au contraire, à spécialiser beaucoup. Ce qui convient à telle ou telle région, ce qui est réalisable dans une zone et sous un climat donné, dans telles conditions de puissance acquise, de capital engagé, de fertilité accumulée, de demande plus ou moins régulière, de débouchés plus ou moins faciles, ce qui convient à une circonscription plus ou moins favorisée, ne sera pas toujours réalisable partout.

S'il en était autrement, les bons enseignements agricoles se propageraient sans grands efforts. Pour s'instruire vite et bien, il y aurait plus à regarder qu'à écouter. Étudier les belles œuvres vaudrait mieux que de consulter les meilleurs ouvrages. Il y a en France une centaine au moins d'exploitations supérieures qui peuvent rivaliser avec les plus merveilleuses cultures de la Belgique et de l'Angleterre, et il suffit d'ouvrir les yeux pour y trouver un idéal réalisé.

Malheureusement, il n'appartient pas à tout le monde d'aspirer à imiter de tels modèles; et, de même, la théorie savante, qui s'est pour ainsi dire traduite en fait dans ces créations hors ligne, ne saurait, il faut le répéter, servir à l'éducation de ce qu'on peut appeler, dans le monde de l'agriculture, le commun des mortels.

Eh bien, c'est au commun des mortels, c'est à la généralité des situations les plus ordinaires, qu'il faut songer davantage.

Et pour moi, si j'ai écrit ce petit livre, c'est que je crois fermement qu'en laissant de côté tout ce qui est douteux encore, tout ce qui peut être encore sujet à controverse et à discussion, il est possible de concevoir et de faire accepter même par de petits cultivateurs un modeste ensemble, un plan limité d'améliorations relativement à bon marché, où ne se trouve pas un seul point sur lequel tout le monde ne puisse être parfaitement d'accord.

V. Ce sont ces améliorations pratiques, accessibles à peu près à tout le monde; ce sont les opérations les moins difficiles, les moins coûteuses, et en même temps les plus indispensables, que je vais énumérer d'abord, décrire et détailler ensuite, en les recommandant même au cultivateur, je ne dirai pas complétement gêné, mais qui n'a pas, bien s'en faut, toutes les ressources désirables, et qui est par conséquent obligé de resserrer plus qu'il ne faudrait ses dépenses.

1

Épierrer : c'est-à-dire purger la surface des terres des pierres, gravier ou pierrailles qui rendent tout bon labour impraticable et ne permettent même pas de faucher un fourrage artificiel.

2

Défoncer et mieux labourer : fouiller les terres épierrées, approfondir ce qu'on appelle la couche arable, la couche qui doit être remuée par les labours, en employant la pioche et le pic, la bêche ou la grande charrue suivie d'une charrue fouilleuse ou défonceuse; extraire en même temps du sous-sol les pierres perdues, les fragments, les blocs ou les dents de rocher, dont la présence interdit l'emploi de tous les instruments perfectionnés, et l'exécution de toutes les façons minutieuses.

3

Assainir : dessécher les terres mouillées, humides, marécageuses, soit à l'aide de fossés à ciel ouvert, fossés de dérivation et fossés de ceinture, soit à l'aide de tranchées recouvertes constituant ce qu'on appelle un DRAINAGE, soit à l'aide de tout autre système de rigolage et mode d'écoulement quelconque.

4

AMENDER : c'est-à-dire corriger et compléter un sol en y transportant pour les y mêler d'autres terres de nature différente; lui fournir ainsi dans des proportions suffisantes judicieusement dosées, les principes utiles dont il est plus ou moins dépourvu ; par exemple CHAULER ou MARNER pour donner à un champ les principes calcaires ou argilo-calcaires dont il peut avoir besoin.

5

ACCROÎTRE ET PERFECTIONNER LES FUMURES : c'est-à-dire traiter plus convenablement et améliorer les fumiers de ferme qu'on recueille déjà, utiliser tous les précieux agents de fertilité qu'on laisse trop souvent se perdre ; demander enfin au commerce et à l'industrie, les engrais commerciaux ou industriels, les engrais artificiels que chaque localité peut fournir à des prix parfois très-avantageux, tandis qu'on méconnaît leur valeur faute d'en faire un premier essai.

6

ASSOLER : c'est-à-dire introduire dans la culture, d'après les règles du bon sens, de l'expérience et de la science; une *rotation*, une succession de récoltes diverses, qui permettant enfin de supprimer à peu près généralement la jachère, ne demande pas constamment à un même sol, une même nourriture pour les besoins d'une même production, qui fasse, en conséquence, succéder à une plante exclusivement épuisante, une plante améliorante par elle-même.

7

Multiplier de plus en plus les fourrages : par la création de prairies nouvelles, par une irrigation plus parfaite et de bonnes fumures administrées aux autres ; par l'extension donnée aux prairies artificielles, et enfin par l'introduction graduelle des racines fourragères, lesquelles fourniront au bétail de grandes masses de nourriture, et feront donner à la terre les nombreuses et utiles façons qu'exigent les cultures dites cultures sarclées, sans lesquelles il n'y a pas de sol suffisamment ameubli ni convenablement nettoyé.

8

Augmenter le nombre et améliorer la qualité des bestiaux : notamment par les soins donnés à l'élève de la jeunesse, et par le bon choix des sujets destinés à la reproduction ; faire cela aussitôt que l'accroissement des produits destinés à la nourriture des animaux permet de les bien nourrir, et d'en tirer dès lors des profits toujours plus grands, en obtenant d'eux plus de lait, plus de travail, plus de viande et plus de fumier.

9

Simplifier les travaux et améliorer les façons, par l'introduction des instruments perfectionnés qui font mieux, plus vite et à meilleur marché, et suppléeront ainsi au défaut trop fréquent et toujours croissant de la main-d'œuvre.

10

Mieux administrer : c'est-à-dire gouverner l'exploitation avec suite et d'après un plan arrêté d'avance ; en répartissant avec réflexion ses efforts suivant les besoins les plus pressants ; en ne laissant pas de forces sans emploi ; en utilisant constamment et à la meilleure besogne les gens, les animaux, les instruments ; en tenant une comptabilité, si sommaire et si élémentaire même qu'elle soit ; en bénéficiant enfin partout où on le peut, et autant qu'on le peut, des avantages que donnent à tous d'utiles institutions publiques, telles que : les associations de tout genre, lectures communes, enseignements professionnels, cours spéciaux, les assurances, les réunions agricoles, congrès, sociétés d'agriculture, comices, etc., tout ce qui peut aider, tout ce qui peut instruire, tout ce qui peut arracher le cultivateur à l'isolement qui le décourage et à l'ignorance qui le paralyse.

VI. Voilà, je le repète en dix articles, un ensemble d'opérations à aborder successivement, qui dans la plupart de nos régions arriérées, et partout où la culture est restée absolument défectueuse, assureront sans de très-grands frais un premier progrès certain, un succès et des profits qui ne sont à dédaigner pour personne.

Epierrer ; défoncer et mieux labourer ; assainir, amender ; mieux fumer ; mieux assoler et supprimer la jachère ; multiplier les fourrages ; multiplier et améliorer les bestiaux ; introduire quelques instruments nouveaux dans la culture ; introduire un système raisonné d'administration dans la ferme ;

Voilà les dix commandements agricoles, simples,

faciles à comprendre, pas très-difficiles à pratiquer, pouvant convenir en tout pays et à toute position ; et parmi lesquels, dans tous les cas, en étudiant ses forces, ses moyens, ses ressources, en consultant sa bourse surtout, chacun peut choisir pour commencer, choisir, ce qui lui semblera le moins coûteux ou le plus profitable en raison de sa situation particulière.

Eh bien, c'est à développer et à expliquer ce petit programme que je consacre aujourd'hui ce livre. Son titre, en effet, ne signifie pas que je prétende à mettre la grande agriculture progressive à la portée de tout le monde, mais bien que j'étudie un progrès très-modeste accessible à tous.

Je sais, il est vrai, qu'un tel programme paraîtra à bien des gens timide, petit, mesquin, presque misérable, et tout au moins, déplorablement *terre-à-terre*.

Dans tout ce qui précède, rien de bien nouveau, rien d'étonnant, rien qui soit quelque peu extraordinaire. Pas d'invention personnelle ; aucun secret merveilleux, aucun système absolu, rien qui ressemble à ce qu'on appelle un remède à tout guérir, une panacée universelle.

Et cependant combien de braves cultivateurs, pour qui de longtemps il n'y aura guère autre chose de suffisamment sûr et de complétement raisonnable ! Combien pour qui ces premières améliorations seraient le vrai progrès, le seul progrès peut-être sans risques et sans mécomptes !

Certes, les grands systèmes de haute agronomie, d'agronomie véritablement progressive, contiennent de tous autres enseignements, contiennent des révélations, entr'ouvrent des perspectives qui pourraient bien autrement intéresser, captiver, entraîner et séduire.

Quelques-uns peuvent les interroger avec fruit et y puiser parfois de fécondes leçons; et pour ma part, si dans ce petit livre je suis disposé à prémunir vivement le grand nombre contre les promesses menteuses du charlatanisme, je crois pourtant fermement en la vraie science, et plus que personne, je respecte les vrais savants.

Oui, la théorie a donné tant de fois, et donne encore chaque jour de si utiles lumières à la pratique; on a vu l'intelligence humaine accomplir sur le domaine de la matière des conquêtes si merveilleuses qu'il n'est pas permis de repousser systématiquement aucune nouveauté. Pour moi, je le repète, je crois et j'espère en la science; mais sachant que ceux à qui je m'adresse plus particulièrement, sachant que les masses agricoles n'ont ni argent ni loisir à aventurer dans la poursuite des résultats douteux, j'estime qu'il faut laisser à quelques privilégiés de la fortune l'honneur et le péril de tenter à leurs risques la chance des expérimentations incertaines. — D'ailleurs, qui ne peut ne peut.

Je prouverais au cultivateur le plus intelligent et le mieux disposé à bien faire, qu'en dépensant à propos 2,000 francs, il en gagnera infailliblement 10,000 fr.; si je ne lui offre pas ces 2,000 francs, et qu'il ne puisse les trouver nulle part, mon enseignement et ma démonstration ne lui serviront guère.

Aussi ne faut-il jamais craindre de donner de trop modestes leçons au petit propriétaire, au paysan, au fermier, au petit tenancier tous également courts d'argent.

Si je montre à ce débutant qui est dans un pays de routine et de jachère, le moyen d'augmenter d'un

tiers la paille et d'un quart le grain de sa prochaine
récolte, et cela rien qu'à l'aide d'un meilleur labour
et d'une plus complète fumure; si je le détermine à
semer un fourrage artificiel entre ses deux céréales,
et à supprimer ainsi la jachère au grand profit de son
bétail, sans doute ce sera peu, mais ce sera déjà quelque chose. Or ce premier pas si insignifiant en apparence, il est encore à faire en des régions bien plus
nombreuses qu'on ne le croit peut-être.

Non, on ne sait pas généralement assez, je crois
l'avoir déjà dit, on ignore dans le monde de la
science, combien, en fait d'améliorations agricoles,
il faut savoir se contenter de peu ; et combien ce peu
serait infiniment mieux que rien. Donc, partout où
les ressources manquent ou sont insuffisantes, qu'on
soit prudent, qu'on marche à petits pas, mais qu'on
marche encore !

Le progrès, ce n'est pas de courir un moment à
perdre haleine, pour reculer bientôt et ne plus bouger ;
c'est d'avancer, lentement s'il le faut, mais sans s'arrêter et, à plus forte raison, sans revenir en arrière.
Eh bien, cet effort sagemement contenu, proportionné
aux moyens de chacun, voilà ce que je voudrais demander, même aux moins hardis, même aux plus rebelles.

Quant aux tours de force et aux exceptions, quant
aux grandes aventures agricoles, on peut les étudier
avec curiosité, avec intérêt, avec envie quelquefois;
on devra bien se garder d'y pousser inconsidérément
tout le monde. Sur le terrain de l'agriculture progressive, en effet, il faut se rappeler non moins souvent
qu'ailleurs, et méditer peut-être davantage la fable de
la grenouille qui veut devenir aussi grosse que le bœuf

IV

DU CAPITAL EN AGRICULTURE

Nécessité du capital. — Qu'il y a bien peu de chose à faire
avec un capital insuffisant.

I. Bien que nous ayons la ferme volonté d'adapter,
d'approprier notre modeste programme d'améliorations culturales aux conditions les plus ordinaires et
aux nécessités des situations mêmes les moins favorisées, nous avons dû reconnaître et constater tout d'a-
bord ce principe absolu :

*La loi de toute entreprise d'agriculture rationnelle, c'est
que cette entreprise soit pourvue dès le début d'un capital
d'exploitation suffisant.*

Sachant assez combien c'est là pour le plus grand
nombre des cultivateurs la grande, trop souvent même
l'insurmontable difficulté, nous nous efforcerons cer-
ainement de réduire, sous ce rapport, les exigences
de la théorie au plus strict *minimum*, c'est-à-dire au
chiffre le plus modéré.

Et néanmoins, après avoir fait toutes les conces-
sions possibles, il en faudra toujours revenir à affirmer
que toute agriculture à laquelle manque cet indispensable élément d'action, *le capital*, est condamnée à
des revers infaillibles ou à une impuissance ruineuse.

Ainsi peut s'expliquer sans peine la détresse agricole de beaucoup de régions dont il serait également

facile de démontrer la richesse naturelle et la puissance cachée.

Que de fécondité stérilisée ! que de forces perdues ! que d'aptitudes frappées d'inertie sur un sol qui serait peut-être généreux, qui ne demanderait souvent qu'à produire, et où le cultivateur se trouve dans la même position que le possesseur d'une magnifique usine dont toutes les machines demeurent improductives faute de charbon seulement.

Essayons donc de résumer brièvement, en cette question si grave, les enseignements des maîtres les plus dignes d'être écoutés ; et nous aurons peut-être rendu un service très-sérieux à tous ceux que nous aurons pleinement convaincus de cette vérité : Sans argent, rien à faire en culture.

Qu'on ouvre le premier traité spécial jouissant de quelque autorité, qu'on consulte indifféremment pour la France, MM. de Gasparin, Moll, Cordier, Bella, Dombasle, Passy, de Morogues, de Vindé ou tous autres, et pour l'Allemagne, la Belgique et l'Angleterre, Thaer, Schwerz, Sinclair- le baron de Crud, etc., on trouvera sans peine dans leurs écrits la confirmation la plus complète de tout ce que nous venons d'énoncer.

Puis, lorsqu'on se sera rendu compte de ce que c'est réellement qu'un capital d'exploitation, n'arrivera-t-on pas à conclure que dans tous les pays de France où l'agriculture est trop visiblement arriérée (et les autres sont malheureusement encore l'exception), ce capital nécessaire, le *sine quâ non* de la culture existe à peine ou n'existe pas.

Écoutons d'abord un agronome aussi éminent par ses connaissances théoriques que par sa pratique sagace, empreinte surtout d'un admirable bon sens et d'une plus admirable franchise.

Mathieu de Dombasle s'exprime ainsi dans la question qui nous occupe.

« On trouve dans le capital consacré à une entreprise agricole une des conditions les plus importantes du succès qu'on peut raisonnablement en attendre. Si ce capital est insuffisant, en vain le cultivateur se trouvera placé dans des conditions d'ailleurs les plus favorables; en vain, il possédera les connaissances, l'activité, l'esprit d'ordre qui pourraient assurer le succès de son entreprise; il se trouvera entravé dans toutes ses opérations de telle manière que s'il n'échoue pas dans une entreprise d'ailleurs bien conçue, il verra du moins reculer à un temps bien éloigné les bénéfices qu'il pouvait en attendre. Compter sur les bénéfices pour compléter un capital insuffisant, est le calcul le plus erroné; car le capital est la condition la plus indispensable à la création de ce bénéfice. »

Plus loin M. de Dombasle dit encore :

« Commencer avec un capital qui serait insuffisant pour la marche d'une entreprise dans son cours régulier d'activité, est une faute que l'on payera presque toujours par une chute éclatante ou une longue agonie. »

Voilà pour l'importance générale du capital d'exploitation. Entrons maintenant dans l'examen du détail.

II. Les agronomes divisent le capital qui doit être affecté à l'industrie rurale en trois parts distinctes.

La première est désignée tour à tour sous le nom de *capital fixe et engagé, capital mobilier, capital de cheptel ou d'inventaire*, etc., et ces désignations diverses suffisent à déterminer son objet.

Le capital fixe comprend : les frais à affecter à l'acquisition du domaine ; aux constructions, aux instruments, au bétail de rente ou bétail permanent ; aux premières semences, etc.

Tous les fonds, en un mot, tous les fonds de première installation.

La seconde part, c'est le fonds d'amélioration.

Et la troisième, le fonds de roulement ou capital de circulation, capital circulant.

Quand il s'agit de déterminer la quotité, très-variable, il est vrai, d'un capital d'exploitation, on prend assez généralement une double base.

Ou on établit une proportion entre le capital à évaluer et le prix du loyer du domaine, ou on détermine le chiffre nécessance d'après l'étendue des terrains.

Il est facile de pressentir tout d'abord combien les circonstances spéciales, les divers modes de culture, les usages et les besoins locaux peuvent modifier *à priori* les données générales de la théorie sur ce point. Mais les autorités que nous voulons invoquer sont à peu près entièrement d'accord sur les moyennes à établir, et cela peut évidemment nous suffire.

En prenant pour base d'évaluation la proportion du capital avec la rente du sol, il est le plus ordinairement admis qu'une ferme de 100 hectares qui rapporterait 100 fr. par hectare, soit 10,000 fr. devrait avoir, en un pays de bonne culture, un capital de 30 à 40,000 fr. soit de trois fois le loyer de la ferme.

En prenant pour base la proportionnalité avec l'étendue des terrains, on trouve que les agronomes les plus compétents exigent de 200 fr. à 5, 6 et 700 fr. par hectare.

Ainsi M. de Dombasle[1] cherchant une moyenne pour toute la France, pense que pour un domaine de 200 hectares il faudra un capital d'exploitation d'au moins 60,000 fr. (soit 300 fr. par hectare), et il affirme « qu'il y a très-peu de circonstances où il soit prudent de former une entreprise avec un capital moindre que celui-là. Pour une exploitation de moitié de cette étendue, c'est-à-dire pour 100 hectares, le capital doit être porté à 40,000 fr. (400 fr. par hectare), et cette proportion doit s'élever progressivement à mesure que l'exploitation diminue. »

Dans la Beauce et le val de la Loire, M. de Morogues[2] dit que pour une ferme de 40 hectares de qualité moyenne, il faut un capital de 20,000 fr. (500 fr. par hectare) dont 9,700 pour fonds de roulement seulement.

M. Moll constate que dans l'ancien Vexin, où l'on élève beaucoup de bestiaux, pour des fermes de 60 à 100 hectares, le capital s'élève jusqu'à 430 fr. par hectare.

M. de Gasparin donne[3] le chiffre de 470 fr. par hectare pour les cultures flamandes, celui de 493 et 467 pour les cultures industrielles de la Provence, et 400 fr. pour celles qui se basent sur les prairies artificielles.

III. Ces chiffres paraîtront certainement exorbitants à quiconque n'a vu que l'agriculture des pays ar-

---

1. *L'Agriculture en Europe et en Angleterre* (v^e Huzard, 1825).

1. *Essais sur les moyens d'améliorer l'agriculture*, etc.

2. *Guide des propriétaires de biens ruraux affermés* (édit. Dusacq, note 2, p. 85).

riérés. Que serait-ce néanmoins si nous avions le temps de citer avec quelque étendue les agronomes qui parlent, au même point de vue, de la Belgique ou de l'Angleterre ?

En Belgique, suivant Schwerz, aux environs de Menin, Ypres, Courtray, pour une ferme de 22 hectares, il faut un capital de 12,000 francs, ou 530 francs par hectare, c'est-à-dire huit fois le fermage, qui est de 1,500 francs environ. Dans ces 12,000 francs, 5,320 appartiennent à l'inventaire, et 6,680 au capital de roulement. Dans le petit pays de Contich, toujours au dire de Schwerz, une petite ferme de 15 hectares exige un capital de 8,000 francs; 3,300 environ pour le cheptel, 4,700 pour le fonds de roulement.

En Angleterre, suivant Sinclair, pour une ferme en terres arables, le capital nécessaire varie de 3 à 6 et 900 francs par hectare, et entre 8 et 10 fois la rente payée au propriétaire.

« En Angleterre, dit M. Depy, dans un savant ouvrage trop oublié (1), le principal agent de l'économie rurale c'est le capital.

Si les laboureurs et les fermiers dans beaucoup d'autres pays avaient plus médité sur cette vérité; si séduits par une illusion frivole, plusieurs d'entre eux n'avaient employé à acheter quelques lambeaux de terre des ressources dont la conservation leur était indispensable, ils auraient été plus heureux, et ils ne seraient pas devenus, de fermiers aisés qu'ils étaient, de tristes et pauvres propriétaires.

Un fermier anglais, avant d'entrer à la tête d'une vaste exploitation rurale, commence par s'assurer un

---

1. L'*Agriculture en Europe et en Amérique* (v° Huzard, 1825).

capital égal à huit fois le montant de son fermage; par conséquent s'il paye 30,000 francs de loyer, il s'assure la somme de 240,000 francs avant de commencer.

Ce fonds de première mise paraît exagéré aux yeux de ceux qui ne sont point accoutumés à voir l'agriculture se fonder sur une base aussi large et aussi solide... On calcule, d'après les communes données, qu'un capital employé d'une telle manière produit 15 pour 100 quand il est bien administré.»

Il est important de remarquer ici que toutes les citations qui précèdent sont empruntées à des agronomes d'une époque déjà ancienne. Que serait-ce, si nous consultions les théoriciens tout à fait nouveaux! Avec les maîtres nouveaux, l'industrie s'alliant à l'agriculture, dans les exploitations où la sucrerie et les distilleries sont les annexes et comme le complément naturel de la culture, nous verrions le capital s'élever de 1,000 à 1,200 par hectare, et le système Kennédy, qui établit dans une ferme un vaste réseau de tuyaux destinés à porter jusqu'aux extrémités de l'exploitation l'irrigation par les purins, n'exigera pas moins de 2,000 francs.

Mais nous sortirions complétement ici de ces limites de la culture progressive accessibles au plus grand nombre où nous tenons à nous renfermer. Nous en reviendrons donc à une moyenne sage et pratique, aux préceptes de Dombasle, par exemple; et nous dirons: heureux encore les pays où la généralité des cultivateurs, propriétaires ou fermiers, pourra aspirer jusque-là.

IV. En somme, et pour conclure, si le *minimum* nécessaire fait complétement défaut au propriétaire, mieux vaut encore affermer au plus bas prix que d'exploiter soi-même, sous des conditions d'impuissance qui mènent infailliblement à la ruine ; fermier, mieux vaut même abandonner la ferme et aller travailler pour le compte d'autrui, jusqu'à des jours meilleurs, au lieu de s'arriérer, de s'endetter, et de se discréditer sans retour.

Bientôt, en effet, on verra dans les pages qui vont suivre, on verra qu'il n'est pas une des opérations progréssives, une des améliorations dont nous allons parler, même la plus facile, même la moins coûteuse qui n'exige un déboursé quelconque, et cela depuis le labour plus parfait que doit précéder un épierrement, jusqu'aux assainissements, jusqu'au drainage ; depuis la tenue d'un bétail plus nombreux après la multiplication des fourrages, jusqu'à l'introduction d'instruments perfectionnés, destinés sans doute à économiser bien des dépenses, mais demandant d'abord une avance quelconque, une mise de fonds relativement sérieuse.

VI

PRÉPARATION DES TERRES, EN VUE D'UNE AMÉLIORATION PROGRESSIVE PAR LA CULTURE

Premières opérations : Action mécanique à exercer sur le sol. — Travaux préparatoires de mise en culture. — Épierrement. — Nivellement. — Mélanges des terres en épierrant. — Améliorer les chemins.

ÉPIERRER, c'est, comme le mot l'indique suffisamment, enlever du milieu des terres cultivables les pierres qui sont un obstacle évident ou créent, du moins, une grande gêne dans l'exécution des labours et façons dont la terre a besoin.

Nous comprendrons aussi sous le nom *d'épierrement* l'action d'extraire *du sous-sol*, de ce qu'on appelle la *profondeur arable, la couche arable*, d'extraire pour s'en débarrasser, pour les utiliser quelquefois, les pierres plus ou moins grosses, les blocs ou dents de rocher, qui, plus encore que les pierres, cailloux et pierrailles répandus à là surface, s'opposent au fonctionnement régulier des bons instruments du labour, des instruments perfectionnés surtout.

Cette opération est sans doute assez simple, assez naturelle, et, en tous cas, elle paraît peut-être assez secondaire pour qù'on dût, semble-t-il, se borner à la mentionner ici, sans y insister et sans la décrire.

Elle est cependant, à mon avis, le préliminaire indispensable de tout labourage énergique, de tout défoncement sérieux.

Les pierres nuisent aux champs de bien des manières.

Et d'abord, elles occupent des surfaces ainsi manifestement soustraites à la production ;

Elles isolent les végétaux du contact direct et immédiat, et par conséquent de l'action bienfaisante de la terre humide.

Elles ne s'imprègnent pas comme ferait le sol luimême des principes fertilisants qu'apportent les engrais ;

Elles ne sont pas comme le sol, *l'excipient*, l'intermédiaire, le dispensateur de cette alimentation utile.

La terre est une sorte d'entrepôt complaisant, comme une mamelle féconde, où les plantes boivent avidement par leurs racines les sucs nourriciers dont elles vivent.

Quand les racines, quand ces organes si délicats, si fragiles, si frêles surtout à leur naissance, rencontrent des pierres au lieu de terre, en quels efforts mystérieux ne leur faut-il pas s'épuiser pour tourner la difficulté, pour éviter cette résistance et aller chercher vie ailleurs.

II. D'autre part, là même où les pierres ne s'opposent pas directement et immédiatement à l'exécution d'un premier bon labour, on ne perd rien pour attendre. L'inconvénient se retrouvera plus tard ; et plus le premier travail aura été parfait en apparence, plus le second deviendra difficile s'il n'est pas tout à fait impossible. Plus le premier labour a fouillé et retourné complétement le sol, plus la bande de terre a été bien versée et plus les pierres éparses à la superficie se trouveront complétement enfouies dans la raie. Au second labour, le soc rencontrera infailliblement un pavé de cailloux, un _macadam_ de pierrailles qui brisera tous les instruments et découragera tous les laboureurs.

On voit quelquefois un fermier à fin de bail, jaloux d'assurer à ses dernières récoltes le bénéfice d'un vigoureux labour, exécuter, sans épierrement préalable, une sorte de défoncement à la grande charrue ; sans doute il n'aura pas à souffrir lui-même de cette déplorable pratique, mais malheur à qui lui devra succéder.

Toute bonne préparation des terres est devenue pour longtemps impossible. Des béchages lents, pénibles et dispendieux pourront seuls, à la longue, rendre la terre à sa condition première, c'est-à dire ramener à la surface les pierres enfouies si mal à propos; et l'épierrement tardif qu'il faudra bien enfin accomplir, sera devenu de la sorte trois et quatre fois plus coûteux. Si au contraire on s'est borné de tout temps, et si l'on se borne encore, dans un champ non épierré, à des labours superficiels exécutés avec l'araire sans versoir, on ne fait certes pas de bien, on ne progresse pas, du moins ne fait-on pas grand mal, en ce sens qu'on ne détériore pas; mais quelle amélioration espérer? La terre n'est pas retournée une seule fois convenablement; et de plus il faut renoncer à employer aucun des instruments nouveaux qui exécutent les façons supplémentaires si utiles. Il faut s'interdire à la fois la herse, les scarificateurs, les extirpateurs, la houe à cheval, le buttoir, la ravale, etc., tous engins précieux qui font vite et bien, comme nous le verrons ailleurs, des opérations diverses que la cherté de la main-d'œuvre rend désormais à peu près inexécutables par les bras de l'homme.

Mais on a beau ne vouloir pas épierrer, vouloir éluder ou ajourner cette dépense, on veut encore parfois essayer l'emploi d'un des instruments que je viens d'énumérer. Qu'arrive-t-il alors? La herse, la houe ou le buttoir mettant en mouvement les pierres au milieu des récoltes, rompent les tiges, saccagent les plantes, ou bien une dent de rocher rencontre une dent de l'extirpateur ou du scarificateur; mais là ce n'est pas tout à fait dent pour dent, la pierre en est quitte pour une égratignure, l'instrument brisé ira piteusement attendre une réparation sous le hangar. L'épierrement fait pour une bonne fois à tout jamais aurait coûté moins cher, peut-être, qu'une seule de ces réparations qu'il faut recommencer tous les jours. Et que serait-ce encore, si j'avais à faire entrer en compte les dommages arrivés chaque année aux charrues, l'usure de tous les outils quels qu'ils soient, les boiteries ou autres accidents dont les animaux ont à souffrir à chaque façon nouvelle exécutée dans un champ pierreux ?

Je vois souvent, et pas trop loin de moi, de braves cultivateurs assez soigneux à leur manière. Ils ne sont pas sans comprendre que les pierres gênent le labour, gêneront la récolte, rendront la moisson difficile.

Aussi, à chaque semaille nouvelle, ont-ils bien la patience de relever et de mettre en petits tas de distance en distance au milieu du champ, les pierres les plus volumineuses; et c'est à recommencer comme cela tous les ans.

Même en affectionnant beaucoup ces braves gens, ne serait-on pas tenté de les battre ?

En coûterait-il plus de temps et de peine pour jeter ces pierres dans le char qui vient d'arriver chargé de fumier, et qui repart à vide ? ne serait-il pas mieux d'en finir de la sorte une fois pour toutes et à tout jamais ?

O routine ! ô maudite connaissance ! mauvaise conseillère qu'on écoute seule, et qu'on devrait chasser comme une vraie voleuse qu'elle est !...

III. Les pierres nuisent aux prairies non moins et plus sérieusement même qu'aux champs;

Là encore elles occupent une surface au détriment des plantes; elles rendent, en outre, la fauchaison des herbes on ne peut plus difficile.

Le faucheur, en effet, dans une prairie pierreuse, ne peut guère faucher ras, lors même qu'il serait désireux de le faire; mais c'est là ce qu'il n'essaiera pas, si son outil lui appartient, de peur de le briser.

Enfin, on ne peut méconnaître, et nous aurons sou-

vent à le rappeler, que dans les pays trop nombreux
où règne encore la routine, dans ce qu'on peut appeler
la France retardataire en agriculture, le premier progrès, le plus pressant et aussi le plus difficile à réaliser, celui auquel il faudra plus d'une fois se borner,
le seul dont les résultats seront presque toujours
infaillibles, et qui d'ailleurs en amène nécessairement
avec lui plusieurs autres, c'est la suppression de la
jachère inculte, l'introduction d'une production fourragère dans l'année de jachère.

Or, quel est le premier obstacle qui s'opposera à
cette précieuse modification d'assolement? Dans ce
premier pas à faire en dehors des voies de la routine
et de l'ignorance, où sera la première difficulté?

Le premier obstacle, la première difficulté qui se
présente à qui veut enfin, sur ses terres, faucher une
première récolte de trèfle, ce sont, en bien des endroits, les pierres, grosses ou petites, les pierres
en quantité déplorable.

Par conséquent, le premier travail du cultivateur
qui veut obtenir, après une céréale, un fourrage accessible à la faux, ou qui va pratiquer pour la première
fois un défoncement sur un sol négligé jusque-là, c'est
un épierrement minutieux, courageusement entrepris.

IV. Mais que faire de ces deux cents voitures de
pierres qu'il faut quelquefois enlever sur un hectare?

Si l'on savait, là où les pierres surabondent, combien certaines régions où elles manquent tout à fait ;
combien la Sologne et plusieurs parties du Berry dé-
plorent l'impossibilité où l'on s'y trouve de ferrer les
chemins ; combien les chars de pierres, qui encom-
brent ici, rendraient là de précieux services, et comme
ils seraient bien à leur place dans ces fondrières de

sable où les roues enfoncent jusqu'au moyeu, on comprendrait peut-être que si tant de chemins, en pays pierreux, laissent grandement à désirer, c'est que les habitants ont grandement tort.

Où placer mieux ces pierres que dans les chemins effondrés?

L'incurie des habitants de la campagne, en général, pour tout ce qui concerne l'entretien des chemins ruraux, a malheureusement provoqué depuis long-temps et en plus d'une région et presque toujours, trop inutilement, hélas! l'attention et les sollicitudes des amis dévoués de l'agriculture progressive.

Le chemin rural! il semblerait, en bien des localités, que ce soit un ennemi public. Si le propriétaire riverain peut faire rouler au beau milieu un quartier de roche, il ne s'en fera pas faute. Si ne sachant où vider son char plein de pierres, il s'avise de prendre le chemin pour réceptacle, il répandra son chargement au hasard, au point le plus rapproché, le plus commode pour lui. Mais qu'il ait intercepté complétement le passage, il s'en soucie fort peu. Quant à prendre la peine d'étaler les pierres dont il s'est débarrassé, quant à voir s'il y a, ici ou là, une flaque d'eau, une dépression du chemin, une large ornière, etc., où le dépôt serait mieux placé, il n'a garde de s'en préoccuper.

Est-il donc bien difficile de créer un bon petit chemin tout en se débarrassant, et de faire ainsi, c'est le cas de le dire, d'une pierre deux coups?

Rien n'est simple à coup sûr, rien n'est facile comme de déposer chaque chargement à côté l'un de l'autre à peu près également, et non pas au hasard. Si l'on a des pierres plus grosses, commencer par placer celles-là, les rapprocher, les tasser, les asseoir par quelques coups de marteau ; sur cette première couche, répandre et répartir les pierres moyennes ; enfin s'il en est de toutes petites, s'il en est qui aient été ramassées au râteau et soient mélangées avec un peu de terre, avec des chaumes, avec quelques débris de gazon, former de celles-là la couche superficielle, voilà l'opération dans toute sa simplicité.

Pour rendre le chemin plus immédiatement praticable, comme pour assurer l'écoulement des eaux (lesquelles nuisent du reste rarement sur des chemins exhaussés de 30 ou 40 centimètres de pierres), il est bon de creuser aux deux côtés de l'empierrement deux fossés de 50 centimètres de largeur et de 20 à 25 centimètres de profondeur.

La terre extraite des fossés sert à recouvrir l'empierrement qui, dans des chemins peu fréquentés, serait lent à se tasser et resterait longtemps meurtrier pour le pied des bestiaux ; et s'il y a encore un excédant de terre, cette terre ne pourra être mieux employée qu'à recharger, dans le champ épierré, les parties déprimées ou celles dont le sol n'a pas une profondeur suffisante.

V. Tout cela n'a certainement rien de bien coûteux, et constitue cependant un de ces travaux qui méritent toutes les préférences, c'est-à-dire un travail une fois fait, qui n'est plus à recommencer, et d'où résulte une amélioration de durée.

Mais où trouver le temps pour exécuter convenablement ce genre de travail ? quel moment opportun choisir au milieu des occupations de la ferme ? c'est là une question à laquelle il ne me semble pas malaisé de répondre.

Un certain nombre de bonnes machines agricoles,

donnant satisfaction à des besoins impérieux, se sont rapidement propagées depuis quelques années. Se répandant de proche en proche, elles gagnent peu à peu jusqu'aux régions mêmes les plus arriérées.

Eh bien, il résultera immanquablement de ce fait, dans l'économie des travaux des champs, des conditions nouvelles, dont il convient de tenir compte en étudiant le plan de la transformation d'un domaine.

Ainsi, par exemple, à mesure que l'introduction et la vulgarisation des batteuses a eu simplifié et abrégé presque partout les opérations du battage, on s'est promptement accoutumé dans les campagnes à utiliser les beaux jours de l'hiver. Une foule de travaux vraiment améliorants, les grands labours, le défoncement à la bêche, l'extraction des pierres et des roches, le drainage enfin, occupent de plus en plus des moments qui constituaient autrefois le loisir du cultivateur.

Bientôt peut-être, aguerris par l'exemple des plus vaillants, quelquefois par l'exemple d'un seul, les ouvriers ruraux sauront partout, qu'en se vêtissant mieux, en se nourrissant moins mal, on peut braver encore, beaucoup plus qu'on ne l'a fait jusqu'à présent, les intempéries et le froid, et, au grand profit de la tenue des terres, exécuter d'excellente besogne, même au cœur de la mauvaise saison.

Quelque soit cependant, en ce point, l'heureux changement qu'il soit permis d'espérer et qu'il sera bien d'encourager de toute manière, il n'en restera pas moins toujours un trop grand nombre de journées d'hiver pendant lesquelles, même par un beau temps, la terre gelée sera rebelle à l'effort du bêcheur, tout comme au plus énergique labour.

Eh bien, nous voudrions voir plus souvent ces

journées-là consacrées à ces travaux d'épierrement et d'amélioration des chemins, dont on aura, je le crains, bien de la peine à faire comprendre toute l'utilité ; et pourtant ne semblerait-il pas, au premier abord, presque superflu d'énumérer tous les avantages d'une viabilité ainsi devenue moins défectueuse ?

Avec des chemins convenablement entretenus, un attelage de chevaux, dans les pays même où la plupart des travaux agricoles se font avec des bœufs, peut, en une saison pluvieuse, aider puissamment à sauver une récolte. Cela paraît sans doute inutile à dire, et pourtant qui n'a vu souvent dans les pays dont je parle, les foins et les gerbes se mouiller au milieu du champ ou du pré où les deux juments du fermier paissaient oisives, parce qu'on ne songeait même pas à les mettre au collier, parce qu'il n'y avait à la ferme ni harnachement en état, ni voiture convenable ? Et tout cela, en fin de compte, parce que les chemins étaient mauvais ?

Oui, sans doute, pour faire passer un cheval, sans lui briser les jambes, là où passent les attelages de bœufs, il faudrait relever quelques pierres, combler quelques ornières, ne pas souffrir en plein chemin de monstrueux éboulements de murs ou de talus pierreux. Mais croit-on d'abord que les bœufs s'accommodent beaucoup mieux que les chevaux de ces mauvais passages ?

Tel conducteur de bœufs a versé, au retour, et perdra une heure ou deux à relever son chargement, qui, en une minute, en allant au champ, eût convenablement replacé sur le mur la pierre qui l'a fait verser.

Là où la négligence est de vieille tradition, c'est au maître à surveiller, à exiger un peu plus de soins, à donner l'exemple lui-même. Relevez vous-même et rangez une pierre sous les yeux de vos domestiques, ils vous imiteront à coup sûr, et feront bien plus sous ce rapport que si vous leur eussiez donné un ordre formel...

Et, en somme, que ce soit pour bœufs ou chevaux, améliorez vos chemins.

Sur les chemins améliorés :

Les gens ont moins de peine ;

Les animaux souffrent moins et sont moins exposés ;

Les voitures se conservent mieux ;

Les trajets se font plus vite ;

On peut charger à plein char ;

Un attelage en vaut presque deux ;

Un enfant peut quelquefois suffire là où un homme n'était pas sûr de se tirer d'affaire ;

On peut marcher sans danger quand la nuit est venue ;

On peut se mettre en route plus tard que son voisin et arriver encore avant lui ;

Enfin, le champ épierré a gagné, en donnant ses pierres, tout autant que le chemin en les recevant.

VI. Et maintenant deux mots encore à l'adresse de messieurs les maires qui pourraient parcourir ce livre. Deux mots pour stimuler leur zèle en ce qui concerne l'important sujet qui nous occupe.

L'entretien de la viabilité rurale est certainement un des points les plus dignes de leur sollicitude. Qu'ils veuillent bien se pénétrer des considérations qui précèdent ; qu'ils veuillent remarquer surtout que les gardes-champêtres, s'ils sont incités à bien faire, peuvent avoir, en cette matière, une action très-utile et de tous les jours.

Si on ne tolère pas, dans une commune, les éboulements de murs, dont la voie publique est si fréquemment obstruée, si on tient la main à ce que les chars de pierres déchargés au milieu du chemin soient immédiatement étalés ; si les points déprimés, où les flaques d'eau restent à l'état stagnant, sont désignés d'avance pour les déchargements de cette nature, si enfin MM. les maires font exécuter, comme échantillon, une ou deux fois par an un petit tronçon de chemin, dans les conditions que nous avons indiquées plus haut ; — après avoir peut-être au commencement suscité quelques récriminations et quelques murmures, ils ne tarderont pas à recueillir les témoignages de la gratitude de tous les cultivateurs les plus intelligents, et ils auront bien mérité de ceux-là même qui ne voudront pas en convenir.

Je résume tout ce qui précède en insistant particulièrement et de toutes mes forces sur les trois points que voici :

La première amélioration considérable à réaliser sur un grand domaine où la culture est arriérée, c'est une bonne préparation pour le labour profond ou le béchage, et bientôt après, la suppression de la jachère par l'extension graduelle des ensemencements fourragers.

Le préliminaire indispensable du labour profond, comme de l'introduction de la faux dans la prairie artificielle, c'est un épierrement fait avec soin.

L'épierrement des terres doit avoir pour conséquences prochaines l'amélioration des chemins, par l'utilisation sur les chemins des pierres dont le sol aura été purgé.

Conclusion : partout où il y a des pierres qui font

obstacle aux bons labours, qui nuisent aux récoltes, qui gênent la moisson, épierrer, épierrer sans retard, c'est commencer avec sagesse par le vrai commencement.

V

SUITE DE LA PRÉPARATION DU SOL. — LE LABOUR.

Les défoncements, les charrues, les labours profonds. — Les grandes charrues fouilleuses et défonceuses. — La bêche.

I. Le labour est l'opération par laquelle on ouvre et on retourne la terre, en ramenant plus ou moins complétement la couche inférieure à la superficie.

Les labours ont pour objet :

De diviser le sol et de l'ameublir;

De mettre ses diverses parties, le plus grand nombre des *molécules* dont il se compose, en contact avec les influences atmosphériques, et de le rendre ainsi plus accessible à l'action fertilisante des météores.

La terre ameublie favorise la germination des plantes et le premier développement de *leurs* racines;

La terre fouillée plus bas, permet aux racines de s'étendre et de chercher leur nourriture dans un espace moins resserré.

Les labours ont encore pour fin :

D'aider les mauvaises herbes à germer, et de les détruire ensuite;

D'enterrer convenablement les fumiers;

De donner aux surfaces à ensemencer la forme la plus avantageuse;

Et enfin de recouvrir les semences.

Les labours sont exécutés à l'aide de divers instruments.

On emploie, suivant les circonstances, le pic, la pioche et la pelle, la houe, la bêche ou les divers genres de charrue.

Bien ou mal, dans toute culture il faut labourer. Tout le monde même se rend à peu près compte de ce qui constitue la bonté d'un labour ordinaire.

Retourner la terre de manière à faire complétement disparaître le chaume qu'on déchire, les mauvaises herbes, les mottes ou gazons épars qui déshonorent le champ, et encore le fumier qu'on vient d'y répandre; couper une tranche égale qui se plaque régulièrement dans la raie contre la tranche précédente; niveler convenablement la surface; voilà ce que tout laboureur s'efforce d'obtenir de l'outil plus ou moins parfait qu'il manœuvre.

Or, la charrue étant pour les quatre cinquièmes des cultures l'instrument des labours, le premier progrès à réaliser sur ce terrain c'est le choix et l'acquisition d'une bonne charrue.

Mais une charrue, quelle qu'elle soit, n'est bonne qu'en raison de la manière dont elle convient, dont elle s'adapte aux nécessités de chaque nature de terre. Des essais successifs sont donc partout nécessaires au cultivateur pour qu'il arrive à fixer rationnellement ses préférences. Pour que les essais ne soient ni trop nombreux, ni conséquemment trop dispendieux, il faut, avant de les faire, avoir examiné avec soin le fonctionnement de diverses charrues chez les autres; on n'aura plus qu'à expérimenter d'abord et à choisir ensuite entre trois ou quatre instruments quelquefois à peu près également bons. Sous ce rapport du reste, les concours régionaux ont rendu de précieux services; mais la question du labourage serait bien limitée et facile à résoudre s'il n'y avait à se préoccuper que d'une exécution un peu plus parfaite du travail ordinaire.

Le progrès en cette question, le progrès réel, est encore ailleurs.

Il est dans l'extension, dans la généralisation toujours plus active des labours profonds; et c'est ce qui nous impose l'obligation d'entrer dans quelques détails précis et pratiques à ce sujet.

II. En ce moment, on est unanimement d'accord, dans le monde agricole, pour reconnaître une importance capitale aux labours profonds. Nous ne voulons certes pas dire qu'on soit resté jusqu'à ce jour sans se rendre compte des avantages qui résultent infailliblement d'une plus grande puissance acquise à la couche arable par l'action plus énergique du travail. D'utiles enseignements ont été depuis longtemps donnés sur ce point. Les défoncements à la pioche et à la pelle, à la bêche ou au bident, les bouleversements vigoureux exécutés dans le sol, à l'aide des grandes charrues, fouilleuses et défonceuses, ont été recommandés bien des fois.

Il semble cependant qu'avant les derniers concours et l'extension nouvellement donnée à la culture des racines, on n'eût pas encore su grouper avec l'autorité et l'évidence que toute démonstration réclame aujourd'hui, les considérations qui militent en faveur d'une pratique si essentielle. Il n'est donc pas sans utilité d'en étudier les effets très-multiples, très-durables, souvent même aussi immédiats que durables; et d'apprécier ensuite, en les comparant, les divers modes d'exécution qui se disputent en ce moment les préférences des meilleurs juges.

Et d'abord, quant au résultat purement mécanique du labour profond, il me semble à peu près superflu d'y insister plus longuement.

Tout le monde sait que si certains végétaux atteignent leur développement normal dans une couche d'une épaisseur relativement limitée, il en est d'autres auxquels la profondeur est nécessaire pour que leur racine plus ou moins pivotante puisse y grandir à l'aise; c'est là une nécessité impérieuse et une vérité presque naïve qui veut que le contenant soit plus grand que le contenu. Ainsi, tandis que les céréales et bon nombre de graminées à racines diffuses peuvent végéter, prospérer même à l'aide d'une nourriture convenable accumulée dans le sol superficiel, les plantes volumineuses en terre, ou certaines légumineuses dont le pivot s'étend incessamment, la betterave, la carotte tout comme la luzerne, le sainfoin, etc. cesseront de croître et souffriront dès qu'elles auront rencontré l'obstacle d'une couche impénétrable ou difficilement accessible à leur pivot.

Tout cela est élémentaire. Mais voici qui l'est peut-être moins :

L'ensemble des découvertes accomplies de nos jours par les maîtres de la chimie agricole, les Boussingault, Payen, Barral, etc., permet d'attribuer désormais aux météores, à la pluie, à la neige, aux gelées, aux rosées, aux brouillards, aux orages, et surtout, ajouterai-je, aux phénomènes si mystérieux encore de l'électricité, un rôle dans la fertilisation du sol et dans la végétation des plantes, bien autrement important qu'on ne l'avait supposé jusqu'à nos jours.

Ce rôle, comme cela est dès lors très-facile à saisir, deviendra donc naturellement d'autant plus actif, que les surfaces profondément déchirées, offriront un plus large *excipient* aux influences de l'atmosphère.

En second lieu, les résultats si frappants généralement dus au drainage, ont peut-être, par le fait d'une analogie sensible, aidé à mieux comprendre la valeur des labours profonds en ce qui concerne, non-seulement l'assainissement du sol, mais l'aération du sous-sol, la circulation de l'air et son intervention bienfaisante dans les actes si variés, si intéressants et mieux étudiés chaque jour, de la vie des plantes.

Le labour profond entamant énergiquement le sous-sol imperméable qui, dans les façons ordinaires, restait jusque-là, au-dessous de la couche végétale, inaccessible à l'atteinte du soc, ce labour profond fait en réalité l'office d'un véritable drainage.Comme le drainage, il aura ce double et remarquable effet, d'une part, de soustraire les végétaux à l'action de l'humidité stagnante, et d'autre part, malgré ce qu'il peut y avoir ici de contradictoire en apparence, d'obvier presque en même temps aux graves inconvénients d'une sécheresse excessive.

Que se passe-t-il, en effet, trop souvent, dans les sols non suffisamment fouillés ?

Ou bien les eaux des pluies et des neiges fondantes restent à l'état stagnant sur la surface durcie, pour y produire, au premier hâle, une sorte de croûte rigide qui étrangle les plantes et les atrophie en les frustrant du bienfait de l'aération ;

Ou bien ces mêmes eaux pénétrant à peine dans la mince épaisseur d'un labour superficiel, y noient les racines et les font pourrir, si la saison est douce; les soulèvent, les mettent à nu et les font périr par la gelée, si les grands froids surviennent.

Après un défoncement suffisant, au contraire, les eaux se répartissent par une infiltration lente et graduelle dans le sol, en y déposant au grand profit de la terre, les sels utiles qu'une prompte évaporation eût dérobés à la surface. Et tandis que ces eaux mieux réparties ne causent pas aux racines le dommage qu'y causerait l'humidité surabondante accumulée sur un seul point, une plus grande quantité d'eau ayant été néanmoins absorbée, puisqu'il y a eu moins d'évaporation extérieure, la fraîcheur propice s'y trouve pour bien plus longtemps comme emmagasinée, et devra plus longtemps aussi satisfaire aux besoins ultérieurs de la végétation.

Il est donc bien vrai que les cultures faites sur labour profond pourront, beaucoup mieux que les autres, braver à la fois les effets désastreux de la sécheresse et de l'humidité.

Enfin, quoiqu'on ait sans doute exagéré quelques-uns des avantages qu'il peut y avoir à enfoncer très-profondément l'engrais sous un labour puissant, il n'en est pas moins réel que pour certaines cultures, notamment pour les racines qui plongent très-bas, pour certains sols et avec certains engrais tels que les gros fumiers de ferme très-pailleux et administrés en terre forte, si on est bien pourvu de toutes sortes d'avances, si on dispose d'agents de fertilité abondants en tout genre, si on ne vise pas trop aux profits immédiats, et si l'on tient plus à bien préparer l'avenir qu'à demander au présent tout ce qu'il peut donner, il sera quelquefois excellent de rassasier largement d'engrais un sous-sol nouvellement ouvert.

On peut arriver ainsi à mettre en quelque manière ses récoltes sur couche ; et il est manifeste que sous un climat rigoureux, on aidera au succès de la végétation en favorisant particulièrement ses débuts par la chaleur.

A lui seul, du reste, le labour profond, indépendamment de l'action des fumiers, ne demeurerait pas sans quelque influence sur les températures ; et dans une région où toutes les terres seraient fréquemment et profondément fouillées, il ne pourrait point ne pas se produire quelque changement heureux dans l'état habituel de l'atmosphère. On doit, sous ce rapport, aux assainissements accomplis à l'aide des grands drainages, des effets qui ne semblent plus pouvoir être contestés ; or, nous ne saurions trop le répéter, les labours profonds, particulièrement sur les terrains en pente, même légère, sont de véritables drainages et un moyen puissant d'assainir le sol.

III. En supposant que toutes les notions que nous venons de résumer dussent être à peu près et assez généralement connues, il ne nous a pas semblé inutile de les grouper rapidement ici, avant d'étudier les divers instruments et les divers systèmes auxquels on peut demander les moyens d'exécution les plus simples, les plus satisfaisants et les moins dispendieux.

Les instruments servant à exécuter les labours profonds peuvent se classer tout d'abord en deux catégories distinctes.

Il y a, d'une part, les grandes charrues défonceuses faisant dans un seul travail l'opération du défoncement ; il y a, d'autre part, les charrues de moindre dimension, à l'aide desquelles on exécute, pour premier travail, un labour moyen, moins profond de moitié ou du tiers ; ce labour devant être complété par le passage dans la même raie d'un second instrument qui, sans ramener entièrement la terre nouvelle à la surface, déchire la couche inférieure et la soulève à mi-hauteur seulement, contre la tranche déjà retournée.

Pour quiconque n'est pas étranger à la question dont nous nous occupons ici, ces deux modes d'action constituent deux systèmes très-différents, tant pour la condition nouvelle où ils mettent immédiatement le champ labouré, que par les effets qu'ils doivent exercer sur l'état ultérieur d'ameublissement, d'aération et de productivité du sol.

Or, si nous éliminons pour le moment de l'examen auquel nous voulons nous livrer tout ce qui concerne le labourage à la vapeur, dont nous aurons sans doute à parler spécialement plus tard, nous ne saurions nous arrêter, en ce qui a trait aux grandes charrues défonceuses, à un type plus complet et plus caractéristique que la charrue Vallerand : Engin puissant qui porte et justifie pleinement ce nom significatif : la *Révolution*.

En regard de cette formidable machine, nous étudierons comparativement la charrue et la fouilleuse Demesmay, deux appareils connus et appréciés dans certaines régions, et ce que nous dirons de ces deux derniers instruments s'appliquera, sauf quelques détails secondaires, à tout un ensemble d'instruments du même système, visant aux mêmes résultats, réalisant, à bien peu de chose près, les mêmes effets.

La charrue Vallerand, et la charrue et la fouilleuse

Demesmay, attirèrent en même temps et dans la même solennité agricole (je veux dire au grand concours national de 1860) l'attention spéciale des connaisseurs.

Admis à se disputer sur le champ d'essais le premier prix des charrues pour labours profonds, les deux systèmes eurent leurs partisans respectifs ; et néanmoins, le double appareil présenté par M. Demesmay parut mériter le premier rang et obtint la plus haute récompense.

Mais la *Révolution* trouvait, de son côté, une recommandation puissante dans les œuvres de M. Vallerand, son inventeur, lauréat de la prime d'honneur du département de l'Aisne, et, à ce titre, proclamé l'heureux vainqueur dans une lice où, grâce à la valeur bien connue de tous les concurrents, il ne pouvait pas y avoir de vaincus. — Ceci fut dit très-haut. — Les magnifiques résultats obtenus par M. Vallerand sur sa remarquable exploitation de Mouflaye rendaient, en faveur de toutes les opérations culturales de ce praticien distingué, un témoignage éclatant. Or, les labours d'une profondeur inusitée dus à la charrue-monstre, étaient considérés comme le point de départ de tous les progrès accomplis à Mouflaye. Le violent *sens dessus dessous* exécuté sur les terres de cette ferme par la *Révolution*, par la charrue-monstre, la charrue aux douze bœufs ; le *révolutionnement* radical des terres, était devenu la base de tout un système de culture qui faisait école dans l'Aisne et bien loin encore au-delà. Aussi les réclamations ne manquèrent-elles pas contre la décision du jury de Paris. La *Révolution* conserva, recruta même à nouveau de chauds défenseurs.

C'est donc en suite d'un débat prolongé, passionné même, c'est après des réclamations souvent réitérées des partisans du système Vallerand, demandant qu'il fût ouvert aux concurrents un nouveau champ d'épreuves et qu'il leur fût enfin permis de se produire devant une sorte de juridiction d'appel plus amplement informée, c'est après de vives polémiques, en un mot, qu'un concours spécial de charrues pour labours profonds s'organisa sous les auspices du comice de Saint-Quentin, c'est-à-dire dans une région de grande et habile culture, en présence de spectateurs très-experts, et au jugement d'un jury essentiellement compétent.

Cette fois, la *Révolution* prit sa revanche. L'arrêt du jury de Paris fut infirmé. Le système Demesmay passa au second rang : la charrue Vallerand eut les honneurs du combat ; elle obtint le premier prix.

IV. Nous avons à l'instant constaté que nous reconnaissions aux juges du concours de Saint-Quentin une manifeste compétence. Nous n'avons garde de mettre en doute, nous prisons même très-haut les mérites transcendants qui ont valu à la grande défonceuse un triomphe regardé aujourd'hui comme définitif; et néanmoins, nous hésiterions, pour notre compte, à souscrire à la décision absolue qui a couronné le vainqueur.

Selon nous, en réalité, le système Vallerand et le système Demesmay ne devaient pas, ne pouvaient pas être mis en concurrence l'un avec l'autre. Chacun d'eux poursuit un résultat différent ; chacun d'eux va à une destination spéciale. La charrue Vallerand fait admirablement ce qu'elle doit faire : les charrues Demesmay ne font pas moins bien ce pourquoi elles ont été faites. Mais enfin, s'il y avait une préférence obligatoire à manifester en faveur de l'un ou de l'autre système, et ne pouvant obtenir qu'on les mît très-honorablement *ex æquo*, fidèle à une tendance pratique que nous laisserons apparaître souvent, nous conclurions dans le sens que voici : — Quelle que soit la perfection des résultats obtenus à l'aide de la charrue Vallerand employée dans les conditions spéciales auxquelles elle s'adapte d'une façon trop exclusive peut-être, nous ne nous résignerons pas à placer, d'une manière absolue, en rang inférieur les charrues Demesmay, c'est-à-dire un système qui convient aux situations les plus ordinaires, qui répond aux besoins du plus grand nombre, qui aidera immanquablement ainsi à réaliser, dans les labours, le progrès le plus accessible à tous. Un très-rapide examen justifiera, je l'espère, ces conclusions inspirées, je le répète, par le sens pratique des choses.

La charrue Vallerand est une charrue du système *Double-Brabant*, construite dans des dimensions colossales. A la voir hors de terre, elle effraye comme une impossibilité ; et on cherche des yeux autour d'elle les grands appareils qui semblent pouvoir seuls lui donner, la vapeur aidant, un moteur à sa taille. Avec cela, on ne lui supposerait pas, au premier aspect, une solidité suffisante pour l'énorme puissance de traction qu'elle doit exiger.

Hâtons-nous de dire que, mise à l'œuvre, elle a bientôt triomphé de ces premières méfiances. Attelée de six paires de bœufs, elle exécute en terres même difficiles, un magnifique labour, profond de 40 à 45 centimètres (elle ferait plus au besoin), en prenant une largeur de bande presque égale à cette profondeur, et en la retournant peut-être d'autant mieux que la bande est plus large.

C'est ainsi que la *Révolution* chemine, enfouissant plus bas qu'on ne l'ait jamais fait avec une charrue, la couche superficielle, les gazons s'il y a un gazonnement, les mottes de plantes légumineuses si on défriche une prairie artificielle, et surtout les épaisses fumures qui, dans le système de M. Vallerand, doivent rassasier d'engrais un sol ainsi bouleversé.

On voit déjà, par ce qui précède, quel merveilleux et irréprochable travail s'accomplit de la sorte, dans une terre suffisamment profonde, riche à toutes les profondeurs, purgée de pierres, débarrassée de tous obstacles qui puissent opposer une résistance absolue, tels que fortes racines ou dents de rocher, etc. ; dans une terre enfin dont on ne peut craindre de ramener à la surface les couches inférieures, parce que ces couches n'ont pas besoin d'un contact prolongé avec l'atmosphère, pour s'ameublir, pour mûrir, pour perdre leur crudité.

La charrue Vallerand sera donc là dans son véritable élément, dans sa patrie naturelle, si je puis m'exprimer ainsi, et comme sur le champ de sa gloire.

V. Le revers de la médaille, il est vrai, se devine aisément. Sur un terrain plus rebelle, où pointent des dents de rocher, où le sous-sol peut être une argile compacte, un gravier roulé, un tuf volcanique s'émiettant lentement, ou bien l'instrument rencontrera des obstacles dont il triomphera difficilement, ou bien il ramènera à la surface, des terres crues, froides, grumeleuses, absolument impropres à la germination des graines, sinon à la végétation des plantes.

Dans les landes sableuses de Gascogne, dans les plaines granitiques du Forez, ce sera ce qu'on nomme *l'alios*, une sorte de machefer bitumineux le plus ingrat du monde ; ailleurs, dans les terres volcaniques, ce sera la pouzzolane presque pure, ou dans les terrains calcaires la chaux en pierre ; et de tout cela les récoltes auront à souffrir longtemps.

Je sais que les partisans du système Vallerand nient la valeur de l'objection. « Prodiguez l'engrais, disent-ils ; saturez la terre neuve, et vous n'aurez plus à vous plaindre du résultat. » J'ai ici plus d'une réponse à faire.

Et d'abord, prodiguer l'engrais est une largesse de grand seigneur agricole, qui n'est pas à la portée de tout le monde.

Ensuite, admettra-t-on volontiers qu'une fumure enfouie par le grand labour à 35 ou 40 centimètres, pourra exercer une influence immédiate sur un sous-sol pierreux, maigre, grumeleux, non ameubli, affamé, qu'un seul tour de charrue aura amené à la superficie, en lui donnant brusquement la mission compliquée de recevoir, d'envelopper, d'échauffer, de nourrir la semence, et de subvenir en toute manière, aux premières exigences de la végétation ?

Enfin, on aura beau affirmer cent fois qu'un mauvais sous-sol, pourvu qu'il soit gorgé de fumure, deviendra subitement apte à alimenter généreusement toute espèce de récolte, je n'en croirai vraiment rien, l'expérience ayant depuis longtemps démontré que pour qu'une récolte bénéficie d'une fumure, il faut d'abord que la graine ait germé ; l'expérience enseignant de plus, comme je l'indiquais à l'instant, que la plupart des graines ne germeront pas ou germeront mal dans un sous-sol récemment mis à nu, encore agglutiné, non encore ameubli.

Sans doute il y aura des récoltes comme il y aura des terres qui, sous ce rapport, se comporteront moins mal que d'autres; sans doute aussi une saison propice, des conditions atmosphériques favorables atténueront, corrigeront même parfois les torts du sol et les inconvénients d'une préparation manquée. Mais il y aura toujours eu imprudence à se risquer de la sorte; et pour mon compte, j'ai la ferme conviction qu'il y a mieux à faire.

C'est donc ici que la charrue et la fouilleuse Demesmay et les instruments du même système apparaissent avec leurs avantages, avantages relatifs évidemment, et que nous nous garderons bien d'exagérer ou de généraliser d'une manière absolue.

VI. La charrue Demesmay, toute en fer, très-solide, pas trop chère, fait un bon premier labour de 18 à 24 centimètres. Elle exige en terre forte deux paires de bœufs ; dans un sol de consistance moyenne, et à plus forte raison dans un sol léger ou qui aura été déchiré par un autre labour profond, une seule paire suffira quelquefois.

Dans cette même raie ouverte par une première opération, un second appareil sans versoir (la fouilleuse), pénètre et creuse encore le sol à une nouvelle profondeur de 15 ou 18 centimètres. Et il est facile de comprendre que là où la grande charrue s'arrêterait tout court, ce deuxième engin, moins volumineux, plus maniable, plus insinuant si on peut le dire, chemine sans trop d'encombre se faisant passage même au milieu des pierres ou des dents de roches, extirpant souvent celles-ci, mettant à nu celles-là, permettant au piocheur, lequel, dans un terrain défoncé pour la première fois, doit suivre le laboureur, d'attaquer au pic et au levier le gros obstacle dont il faut que le champ soit purgé. Et voilà, nous tenons à le dire en passant, voilà pour la grande généralité des terres à améliorer, un travail excellent, un travail qui, une fois accompli, ouvre la voie à une foule de façons plus irréprochables encore, un travail en un mot qui, s'il n'est pas tout à fait la perfection, peut du moins y conduire.

Dans ce deuxième système, si on enterre la fumure par le premier labour, cette fumure à laquelle, pour la plupart des cas, on veut demander un effet immédiat, se trouve répartie entre les deux couches remuées; elle échauffe et anime la couche superficielle où vont s'accomplir les actes de la végétation ; elle pénétrera graduellement de ses sucs et de ses sels, la couche inférieure, qui, déjà mélangée par la fouilleuse avec les terres plus anciennement enrichies d'engrais, devra, après les labours ultérieurs, n'arriver qu'en détail, et partant sans inconvénients désormais, à occuper la surface végétale, en y constituant non pas un renouvellement absolu du sol superficiel, mais un mélange essentiellement améliorant.

Ici il s'est accompli une *évolution* partielle : ce n'est plus le fait de la *Révolution*. Eh bien, ce mode d'opérer aura donné la condition selon nous la meilleure.

Les terres mélangées, et l'expérience parle bien haut sur ce point, les terres mélangées sont la base d'une durable prospérité culturale....

A peine ai-je besoin de faire observer maintenant, avant de finir, que les douze bœufs du grand labour Vallerand sont un luxe auquel tout le monde ne saurait prétendre, et qu'il leur faut en outre de vastes ténements pour évoluer sans trop d'embarras; tandis que les six ou huit bœufs nécessaires au système Démesmay se rencontrent bien plus facilement dans une ferme.

En résumé, dans une très-grande exploitation, dans des terres privilégiées, d'une riche et égale profondeur, à qui dispose à son gré de forces surabondantes, et d'opulentes fumures, le système Vallerand peut rendre d'éminents services. C'est le régime des rares et heureuses exceptions.

Le système Demesmay, ou tout autre analogue, apte à pénétrer chez tous, peut être recommandé partout. Grâce à lui, le progrès des labours profonds, progrès si désirable, et dont on sent aujourd'hui mieux que jamais tout le prix, pourra s'insinuer même dans les régions les plus arriérées et conquérir les sols même les plus imparfaitement préparés. Et il aura bien longtemps encore, ce système, le mérite d'être un de ces perfectionnements relatifs qui mènent infailliblement à bien d'autres. Son rôle est un rôle de précurseur. Qu'il prépare et rende possible jusques dans les régions même les moins favorisées l'avénement ultérieur du système qui est son rival aujourd'hui ; qu'il fraye lentement la voie à la charrue Vallerand elle-même, et tout autant que celle-ci, il aura bien mérité du progrès.

VII. Si nous avons déjà mis suffisamment en relief toute l'importance qu'on attache aujourd'hui et qu'on a toute raison d'attacher aux labours profonds, on ne s'étonnera pas que nous désirions épuiser le sujet, en donnant maintenant, dans ces études rapides, une mention sommaire à un mode particulier de défoncement, qui, pour être d'un usage encore plus exceptionnel, sans doute, que le travail des grandes charrues défonceuses, n'en a pas moins sa haute utilité et pourra même sembler indispensable souvent.

La *bêche*, le défoncement à la bêche, lorsqu'il s'agit de labours profonds, mérite d'être recommandé, après, on pourrait dire aussi dans un certain sens, avant les grandes charrues défonceuses.

Certes, ce n'est pas au moment où les bras manquent trop fréquemment aux cultures, ce n'est pas au moment où le temps semble toujours trop court pour exécuter toutes les façons utiles, et lorsqu'on se trouve, en conséquence, amené à préconiser sans cesse les instruments qui font vite et assez bien, plutôt que ceux qui feraient très-bien, mais lentement, ce n'est point dans un pareil moment qu'il conviendrait de conseiller partout et à tous la pratique du bêchage, quelle que puisse être d'ailleurs l'excellence et même la supériorité absolue des résultats de cette pratique.

Comparé aux labourages de défoncement par les charrues, le bêchage est cher; et, voulût-on y mettre le prix, les bras, il faut le répéter, les bras feraient défaut quand il s'agirait de généraliser son emploi. Aussi, partout où les grandes charrues peuvent immédiatement pénétrer, partout où sans nulle préparation préalable elles devront manœuvrer d'une manière satisfaisante, partout où l'extrême division du sol n'en rend pas l'emploi difficile, il ne faut pas chercher un mieux ennemi du bien; il n'y a pas lieu de songer à autre chose qu'à choisir intelligemment sa défonceuse, à l'approprier aux conditions du sol, conformément aux indications contenues dans les paragraphes précédents, à lui donner un vigoureux attelage, et à plonger énergiquement le soc dans la plaie béante du sillon.

Mais il ne peut en aller partout ainsi,

Il y a malheureusement, en France, dans les pays pauvres ou arriérés, ce qui est tout un (et c'est là surtout que les grandes transformations agricoles par le fait d'un progrès rationnel, peuvent devenir profitables pour tous, atteindre même les proportions d'un grand intérêt social), il y a, dis-je, beaucoup de terres sans profondeur, hérissées de dents de rochers, ou simplement infestées de pierres mouvantes, assez volumineuses parfois; il y a, notamment dans nos régions du centre, de vastes brandes à demi cultivées, que l'araire primitif des Gaules égratigne de temps à autre, en laissant par intervalles inégaux, de longs loisirs à la jachère; on trouve enfin dans les pays de montagne des ténements considérables imparfaitement gazonnés, qui ne sont à proprement parler ni pâturages ni cultures, tant le travail de ce même araire y reste à l'état d'ébauche, dénudant à peine les mauvaises racines, et cheminant par sauts et par bonds à travers les pierres.

Eh bien, dans les terres dont nous parlons, quel progrès accomplir? N'est-il pas manifeste que les grandes charrues ne sauraient s'y introduire de longtemps? Quels que soient les efforts qu'on veuille tenter, et malgré les encouragements les plus intelligents, les bonnes charrues moyennes n'y pénétreront même pas; et cela par l'excellente raison qu'elles n'y pourraient fonctionner un seul jour.

VIII. Pour les pays dont nous parlons, la *bêche*, et mieux encore en terre pierreuse, le *bident* (la bêche à deux dents), est l'instrument du premier progrès de quelque valeur. Le bêchage est le précédent obligé de toute grande amélioration ultérieure; et, de même que nous avons signalé ailleurs la charrue moyenne suivie de la fouilleuse comme appelée à servir souvent de précurseur aux grandes défonceuses, nous dirons ici que la bêche doit préparer la voie aux charrues modernes.

La bêche, en effet, sur les sols pierreux où elle n'a pas encore fonctionné, oblige à exécuter d'abord un épierrement superficiel; et c'est là un premier service important.

Cette opération, renouvelée une ou deux fois, laissera un champ, sous ce rapport, amélioré pour toujours, et permettra d'y prendre désormais toutes les récoltes fourragères où la faux doit passer, comme d'y exécuter toutes les façons minutieuses des récoltes sarclées.

Entre les mains d'un bon ouvrier, la bêche accomplit en outre le *sens dessus dessous* le plus complet de la terre; mieux que la meilleure charrue, elle permet d'utiliser, pour l'engrais de la couche arable, tous les débris de chaume et les végétations herbacées que l'araire primitif des pays arriérés semble se borner à entrefouir et à rechausser pour leur plus grand avantage.

Le bêchage amène à extraire à la main, comme il faut le faire pour obtenir un résultat efficace, toutes les racines de chiendent, de chardon et surtout d'arrête-bœuf, qui, on le sait, se multiplient avec une déplorable facilité par les moindres radicules ou les plus petits éclats.

Le bêchage, enfin, ne comprimant pas les tranches

de terre les unes contre les autres, ainsi que le ferait la charrue même la plus parfaite, laisse, dans les tas de glèbes ou de mottes, des vides caverneux on ne saurait plus favorables à l'action atmosphérique qui féconde à la fois et travaille la terre, qui l'ameublit et la sature de principes indispensables à la végétation.

Il n'est pas besoin, sans doute, d'ajouter qu'après le bêchage aussi bien qu'après les profonds labours, le sol se trouvera rassaini par l'absorption facile de l'humidité surabondante, et que la fraîcheur propice qui aura pénétré jusqu'à la couche inférieure, protégera longtemps les récoltes contre les atteintes de la sécheresse.

Ainsi, dans les régions restées jusqu'à ce jour fermées au progrès, dans les pays de jachère, où par une exception aujourd'hui devenue rare, c'est le travail qui manque souvent et non pas les bras, la bêche aurait un rôle important à prendre et un précieux service à fournir.

Est-ce à dire encore que dans d'autres situations bien meilleures, dans des terres de haute valeur, et dans des pays d'habile culture, la bêche n'ait ou n'eût rien de bon à faire? Quiconque, les yeux fixés sur les opérations agricoles, a parcouru ces admirables plaines de la Limagne, que Sidoine Apollinaire appelait déjà de son temps une vaste mer d'épis, n'a pu qu'envier leurs moissons opulentes et leurs guérets splendides.

Certes, dans ces champs, qui sont un des beaux spectacles de la France, les plus énormes charrues pénétreraient comme à plaisir. Ce sol profond, riche de l'atterrissement accumulé par les sièles dans les bassins, aux dépens des sommets dénudés qui dominent à l'entour; ce sol avec lequel on en fumerait tant d'autres, se ploierait en ondes dociles sous la pression des plus grands versoirs. Mais là, les terres sont fractionnées en étroites parcelles, et le moindre carré de champ est une fortune pour son propriétaire. Là, le sol appartient au paysan qui y prospère et qui le cultive avec amour.

La bêche en de telles conditions devient entre les mains du cultivateur qui travaille et qui récolte pour son compte, l'instrument usuel des profonds labours. Les travaux superficiels s'accomplissent ensuite avec un léger araire traîné par de petites vaches alertes. Mais la bêche, je le répète, la bêche ou le bident retourne tous les ans le guéret à pleine lame, et donne aux longues plaines du bassin de la Limagne l'aspect d'un merveilleux jardin. Ce même instrument sert encore souvent aux habiles bêcheurs d'Auvergne, à enfouir on ne peut plus parfaitement les fourrages verts (fèves, vesces, jarousses et parfois le lupin), pour donner aux blés qui vont suivre, l'excellente alimentation d'une fumure végétale.

C'est là une culture modèle, on peut le dire; et bien qu'elle ne doive pas être imitée partout, bien qu'elle ne puisse être qu'exceptionnellement conseillée, il ne nous a pas semblé inutile de lui donner ici une courte mention.

Quant aux régions déshéritées jusqu'à ce jour, auxquelles il convient de revenir en finissant, il nous est permis d'affirmer que le béchage sera pour elles un des plus puissants instruments de transformation, puisqu'il aidera, plus que toute pratique peut-être, à refouler jusqu'aux plus ingrates hauteurs, et la jachère improductive et le triste acolyte de la jachère, l'assolement biennal.

On remarquera, en effet, que c'est ou la lentille, ou la féverolle, ou la betterave, ou la pomme de terre : ce sont par conséquent toutes cultures intercalées entre deux céréales, qui s'emparent du sol défoncé par la bêche, tout en assurant les meilleures préparations de fumure, de main-d'œuvre, et tous les soins les plus favorables aux récoltes hivernales, aux céréales qui doivent suivre.

Partout où l'on serait assez heureux pour introduire la bêche, la sole consacrée au bêchage aurait donc, on ne pourra trop le redire, toute chance de remplacer graduellement la jachère nue et trop souvent inculte, qui dans une si grande partie de nos régions du centre, frustre d'une moitié du produit normal de la terre, et le travail et la consommation ; cette jachère ignorante, cette jachère systématique qui laissera un champ s'épuiser à produire des chardons, tandis que des millions de créatures humaines ont encore chaque jour, en France, quelque chose à démêler avec la faim.

VI

SUITE DE LA PRÉPARATION DU SOL. — ASSAINISSEMENT DES TERRES, DRAINAGE, FOSSÉS, ETC.

1. Il ne suffit pas d'avoir convenablement épierré, et mis par conséquent le sol en état de recevoir de bons labours; il ne suffit pas d'avoir exécuté ces

labours d'une manière irréprochable, et d'y avoir enfoui d'excellents engrais, avec une prodigalité généreuse.

Les préparations les plus parfaites n'auront qu'un résultat insignifiant, les plus énergiques fumures pourront ne produire que de très-médiocres effets, si le sol, parfois inondé, parfois submergé, couvert à de certains moments par les eaux stagnantes, reste mouillé, ne s'égoutte pas, s'égoutte mal, se ressuie mal, s'il pèche, en un mot, par excès d'humidité.

L'eau si indispensable à la vie des plantes, si nécessaire à toute végétation, peut donc, étant en excès, devenir aussi, et devient bien souvent un grave obstacle à la culture,

Sur un sol exposé, comme il arrive en pareil cas, à passer brusquement de l'humidité surabondante à une extrême sécheresse les façons les plus multipliées resteront impuissantes. On sèmera dans la boue; les graines, et les racines risqueront de pourrir, puis, quand le hâle aura desséché cette boue, les récoltes végèteront comme elles pourront, c'est-à-dire pitoyablement, dans un mortier durci où il ne sera possible d'exécuter utilement ni hersage, ni sarclage, ni binage, et où le fauchage des céréales ou des fourrages artificiels sera à peu près impraticable; de même pour les prairies.

Les prairies à fonds tourbeux, celles dont la configuration forme une sorte de cuvette, où l'eau reste en stagnation après les pluies, après les fontes de neige, et qui sont ainsi en de certaines saisons de véritables marécages; celles même qui sans être dans une condition aussi absolument fâcheuse, n'ont pas une pente suffisante pour que les eaux d'irrigation y coulent régulièrement, sans y séjourner; celles dont le sous-sol argileux ne se laisse pas pénétrer, dont la motte se soulève en hiver, s'effondre au passage des chars et cède sous les pieds des bestiaux, se fendille au contraire, en été sous l'influence des fortes chaleurs, et redoute, par conséquent, la sécheresse, plus que les près les plus secs eux-mêmes ; tous ces herbages tourbeux, marécageux, mouillés, acides ne donnent, on le sait généralement, et ne peuvent donner qu'un fourrage grossier, de mauvaise nature, quelquefois malsain, plein de jonc, de carex, de renoncules vénéneuses, etc., difficile à sécher sur place, et dont la quantité très-médiocre ne compense pas la qualité détestable.

C'est donc bien justement, on le voit, que dans le petit programme qui fait le sujet de ce livre, après les épierrements, après les bons labours, sans avoir même à tenir compte de la question d'ailleurs si grave, de la salubrité, au point de vue purement agricole, nous avons placé à un rang particulièrement important l'obligation d'ASSAINIR.

II. Les eaux qui nuisent à un champ ou à une prairie, peuvent être de deux provenances différentes. Ou bien un terrain est submergé par l'eau qui y arrive du dehors, qui s'y épanche d'un ou de plusieurs points supérieurs en coulant sur sa pente naturelle; ou bien ce terrain souffre seulement de la quantité d'eau que lui donnent en excès, soit les pluies et les neiges tombant directement sur lui, soit encore les sources qui y sourdent naturellement sur place, et qui s'écoulent ensuite d'une manière trop incomplète.

Dans le premier cas, lorsqu'on n'aura à se défendre que des eaux d'une provenance extérieure, pour

exécuter un assèchement, un assainissement indispensable, la première opération sera, comme le bon
sens l'indique, de détourner le courant ou les cou-
rants dont la direction naturelle a des conséquences
fâcheuses à tous les points de vue; et, pour le dire en
passant, il arrivera presque toujours, ainsi qu'on le
verra plus tard lorsque nous nous occuperons des
créations de prairies, qu'on pourra donner à ces eaux
une destination profitable pour les irrigations inférieures. Des fossés de ceinture à ciel ouvert pourront
être en outre, une utile défense contre l'envahisse-
ment redouté.

Dans le second cas, lorsqu'on aura dérivé les eaux
du dehors, lorsqu'on n'aura affaire qu'à celles qui
exercent une action nuisible après leur accumulation immédiate sur le terrain même, les moyens d'assèchement peuvent-être de diverses natures.

Et d'abord, là encore, les fossés de ceinture rendront presque toujours de grands services.

Ainsi, il est de nombreuses localités restées jusqu'à
ce jour inaccessibles à la bonne culture, où les
grandes pièces et quelquefois même les petites sont
entourées de larges haies dont on rechausse le pied
avec la terre des chemins; on se donne, il est vrai, de
la sorte, des clôtures le plus souvent impénétrables ;
mais, d'un autre côté, là où il aurait été urgent de
favoriser autant que possible l'écoulement des eaux,
il se trouve qu'elles n'ont plus d'issue, par le fait
même d'un travail inintelligement compris. Il en
résulte qu'après les grandes pluies, chaque champ
devient un véritable lac, chaque prairie un véritable
marais. Pour assainir, il conviendrait, au contraire,
de faire enfin jeter bas ces haies, et de faire creuser

de bons fossés de ceinture qui, tout en remplaçant les haies comme clôture, donneraient aux eaux leur écoulement. Dans bien des cas cela ne saurait suffire encore; c'est alors qu'il faut avoir recours au DRAINAGE.

III. Le drainage, pris dans le sens le plus général de ce mot, c'est tout système de fossés recouverts, creusés d'intervalles à autres, et allant tous aboutir à une ou plusieurs tranchées principales inférieures, destinées à conduire en un point où elles ne puissent nuire, toutes les eaux recueillies sur le terrain qu'il s'agit d'assainir. Des tranchées étroites, remplies à moitié, tantôt avec des pierres (et alors on les nomme *pierrées*), ailleurs avec des fagots ou fascines ; d'autres où l'on construit au fond une sorte de canal avec des tuiles creuses, des briques inclinées l'une contre l'autre en V renversé, ou des pierres plates plus ou moins également jointées, dont deux sont placées sur champ et une troisième à plat sur les deux autres; toutes sortes de fossés, comblés ensuite de terre dans la partie supérieure, et devant ainsi donner sous terre une circulation plus ou moins facile aux eaux surabondantes, sont des formes diverses du drainage, connues de la plus haute antiquité, et qui, sur plusieurs parties du globe cultivé, ont rendu d'immenses services à la mise en rapport des terres conquises par le travail de l'homme.

De nos jours, dans les pays qui ont particulièrement à souffrir de l'humidité des terres, en Angleterre notamment, on a senti le besoin de perfectionner les opérations d'assainissement, et grâce aux études spéciales de beaucoup d'hommes instruits, le drainage est devenu un art véritable, un travail scientifiquement conduit.

IV. Le procédé nouveau du drainage consiste particulièrement dans l'emploi de tuyaux en terre, et fabriqués exprès, qu'on place bout à bout dans le fond de la tranchée ouverte sur la moindre largeur possible, et creusée en retrécissant toujours jusqu'à une profondeur variable, qui sera rarement de plus de 1 mètre 50, et qui devra, autant que possible, n'être pas inférieure à 1 mètre ou 1 mètre 20. Les fossés plus ou moins espacés sur la surface à rassainir (assez généralement de 10 mètres en 10 mètres), sont ordinairement dirigés dans le sens de la pente la plus forte, vers le fossé principal dit *drain-collecteur;* mais cette direction, comme l'opération entière, doit être autant qu'on le peut, étudiée par un homme expérimenté. Dans bien des cas, en effet, un ingénieur-draineur habile saura seul tenir un compte suffisant des conditions du sol et surtout de sa conformation particulière; seul aussi il donnera, et ceci peut avoir une importance capitale, la plus utile destination à ces eaux qui après avoir été longtemps une cause de dommage peuvent devenir aisément une source de richesse imprévue.

Il convient donc, je le répète, de consulter dans les premiers travaux de ce genre un praticien qui ait fait ses preuves; à défaut de quoi, on devra tout au moins recourir à l'un des bons ouvrages spéciaux qui traitent scientifiquement du *drainage*. Mais si, en conséquence de ce que je dis-là, je crois pouvoir me dispenser d'entrer dans des détails plus complets de pratique et d'exécution, je ne dois pas cependant terminer sans signaler encore un des bons effets les moins apparents, et probablement les moins connus du drainage. Nous avons dit précédemment, en parlant des labours, que tout sol cultivable gagnait grandement à être pénétré plus profondément, à être toujours ranimé, et vivifié par les influences atmosphériques.

Mais il est des terres compactes, peu perméables battues ou resserrées le plus ordinairement par les eaux surabondantes qui submergent les labours récents, dans lesquelles le jeu des influences dont nous parlons, l'aération ou action pénétrante de l'air, est, soit absolument nulle, soit à peu près insignifiante. Eh bien, ce sont là les terrains qu'on a précisément le plus souvent à drainer. Or, un des remarquables et mystérieux résultats du drainage, c'est en général de modifier sous ce rapport la nature et les dispositions du sol. Le courant d'air qui s'établit dans les tuyaux exerce manifestement une sorte d'aspiration, de suspiration si on peut le dire, qui attire non-seulement l'eau à travers des couches antérieurement impénétrables, mais aussi l'air, et avec l'eau et l'air, les sels dont les météores, la neige, la pluie, les brouillards, les gelées blanches, les rosées ont saturé l'air et l'eau, et finiront par saturer la terre au grand profit des végétations ultérieures.

Le sol drainé, plus accessible dès lors, et je le répète, à toute action bienfaisante extérieure, plus aéré, plus régulièrement abreuvé d'une humidité convenablement répartie, devient donc à la fois plus riche de principes fertilisants pour les plantes, et plus maniable au travail de l'homme.

Dans les argiles compactes qui en temps de pluie se collaient aux instruments de manière à les arrêter au premier pas dans leur marche, ou qui durant les grandes sécheresses, durcies par la chaleur résistaient au soc comme la pierre elle-même, il sera enfin possible après le drainage de faire pénétrer la charrue avec avantage, à peu près en toute saison ; et trouvant enfin la proportion d'humidité propice, le laboureur pourra constamment exécuter d'utiles façons.

Ainsi, pour ce qui concerne les champs, par le drainage meilleur travail d'une part, plus de fécondité de l'autre. Moins de peine, et avec moins de peine plus de profit.

Pour les prés, amélioration sensible en qualité comme en quantité.

Les bestiaux au pacage ne s'enfoncent plus dans la motte effondrée, comme cela avait lieu précédemment au grand dommage et de la prairie et des animaux. Les bêtes à laine peuvent être conduites en toute saison dans les herbages drainés, sans qu'on ait à craindre pour elles la cachexie ou pourriture. En un mot, meilleure, plus abondante et plus saine pâture; voilà quelques-uns des avantages les plus importants du drainage.

Enfin, relativement aux prairies, je dois encore indiquer dès à present pour y revenir ailleurs, la possibilité d'arroser et par conséquent de fertiliser les parties primitivement privées d'eau, grâce à ce qu'on appelle le drainage à *reprise d'eau* pour l'irrigation des plans inférieurs.

FERTILISATION DU SOL.

Action chimique. — Les engrais. — Fumier de ferme. — Traite-
ment du fumier de ferme, etc. — Les engrais qu'on laisse perdre.
— Engrais végétaux. — Engrais artificiels, etc.

I. C'est de nos jours seulement que des savants du
premier ordre et en nombre considérable, ont, d'une
manière persistante et suivie, consacré leurs études à
l'ensemble des questions de culture, à l'ensemble des
problèmes dont la solution formera enfin la véritable
AGRONOMIE, la vraie science de la production du sol.

Grâce à ces savants contemporains, grâce aux maîtres de la chimie agricole, des notions précieuses se
propagent chaque jour pour éclairer la marche du
cultivateur. Chaque jour nous apporte quelques lumières nouvelles sur les lois mystérieuses de la vie
végétative.

Et en ce qui concerne particulièrement les ENGRAIS,
nous sommes peut-être à la veille de voir se produire
enfin de fécondes révélations, de voir mettre enfin à la
portée de tout le monde, des enseignements définitfs
et des certitudes complètes.

La chimie, il est désormais permis de l'espérer,
saura bientôt nous dire d'une manière précise, quelles
matières, quels principes nutritifs, quels aliments
strictement dosés il faut donner à la terre pour la
rendre une première fois féconde, et quels autres il
faut lui restituer ensuite après chaque récolte, pour

compenser la perte qu'elle vient de faire, pour compenser la consommation de la récolte obtenue.

Elle nous dira ainsi, ce qui est utile ou indispensable à un sol et à une plante en raison de ce qui manque au sol et de ce qu'exige cependant la formation, le développement, la fructification de la plante.

Malheureusement le but des belles études que nous signalons n'est point encore complétement atteint. Des opinions contradictoires laissent trop souvent en suspens le simple cultivateur, le praticien modeste qui ne se croit pas le droit de se faire juge lui-même, au milieu des débats de la science.

C'est là ce qui rend douteuses jusqu'à présent et toujours bien difficiles les conclusions à produire dans la grande question des *engrais*, et, par contre coup, dans 'la question non moins importante des *assolements*, laquelle, comme nous le verrons plus tard, est essentiellement dépendante de celle des *engrais*.

Néanmoins, il existe dès maintenant, et cela de l'avis de tout le monde, un certain nombre de vérités définitivement admises sur lesquelles il semble que la controverse et la discussion ne sont plus possibles, parce que *l'expérience* à leur sujet, se trouve en accord complet avec la *théorie*.

Ce sont ces vérités que je voudrais développer assez clairement pour que tout le monde pût les comprendre et en tirer profit.

Du reste, au point de vue pratique où je tiens surtout à me placer, il s'agit moins encore pour moi d'énoncer en toute certitude et avec une précision absolue, pourquoi et comment telle chose est utile en culture, que de bien indiquer quelles choses sont réellement utiles. Et lors même qu'on ne pourrait prétendre à dire, en ces matières, le dernier mot de la science, lors même qu'il faudrait se contenter de la vérité approximative ou *par à peu près* il y a encore, je le crois, de bons services à rendre à bien des gens, en mettant à la portée de toutes les intelligences, quelques préceptes réellement incontestés.

II. La terre pure, la terre à l'état pur, même une terre de bonne qualité, mais privée des matières qui en se décomposant peuvent seules fournir les éléments nécessaires à la vie des plantes, cette terre n'est point apte à produire une végétation par elle-même. La terre n'est que le contenant, le *récipient*, propre à recevoir et à mettre en travail, sous l'action de la chaleur, de l'humidité et des diverses influences météorologiques, les débris organiques animaux ou végétaux, et les sels minéraux, qui sont à proprement parler les éléments nécessaires à la nutrition, à l'alimentation des récoltes.

Les ENGRAIS sont la nourriture des végétaux.

Sous le nom générique D'ENGRAIS, il faut donc comprendre toutes les substances organiques, animales et végétales, plus ou moins décomposées, et aussi, selon moi (quoique tout le monde ne soit pas d'accord en ce point), toutes les substances minérales que les plantes doivent absorber, s'incorporer, *s'assimiler*, faire entrer enfin dans leur organisme, tout ce dont elles ont besoin pour se nourrir, pour se développer, pour vivre.

Je ne crois pas, en effet, qu'on puisse distinguer bien nettement dans leur action sur la nutrition des plantes, les *engrais* proprement dits, de ce qu'on appelle les *amendements*. Les principes minéraux tout aussi bien que les débris animaux et végétaux; les sels alcalins tout comme les substances azotées, concourent à la nutrition, puisque l'*analyse chimique* des récoltes, c'est-à-dire l'étude des matières dont elles sont composées, et les *résidus* ou restes de cette décomposition scientifique, révèlent également, dans toute production végétale, de l'azote et des sels minéraux.

Pendant longtemps, il est vrai, avant les grands travaux des savants contemporains, des Boussingault, des Payen, etc., il a existé deux systèmes, deux manières de voir bien distinctes, toutes deux également erronées en raison de l'exagération de leur principe.

L'école étrangère, docile aux théories trop absolues de quelques savants illustres, soutenait que les *sels* étaient l'élément important de la végétation, et ne laissaient, de la sorte, qu'un rôle secondaire à *l'azote*.

Et l'on a vu en Angleterre, des partisans de cette doctrine faire brûler tous leurs fumiers pour n'en garder et n'en utiliser que les cendres.

Certes, comme manutention et comme transport, ce procédé eût bien simplifié les choses. Mais les résultats ne furent naturellement point encourageants. C'était sans doute le temps où un propriétaire anglais trop épris de chimie, et comptant avec une confiance crédule sur les opérations magiques de ce qu'on appelle le *laboratoire*, l'atelier du chimiste, disait à son fermier, « eh bien mon brave John, ce sera vraiment commode, tu porteras dans ta tabatière de quoi fumer tout un hectare.

» Plus commode encore que vous ne croyez, ripostait le fermier, car alors je rapporterai aussi toute la récolte dans mon mouchoir. »

En France, d'un autre côté, on n'avait pas d'abord

apprécié peut-être comme il convenait, la valeur et l'action des substances salines. On avait montré trop exclusivement aux cultivateurs, la production des *fumiers* ou *engrais de ferme* comme le grand *desideratum*, le but principal de l'agriculture et de tout progrès agricole.

La vérité se trouve, et cela est devenu bien manifeste aujourd'hui, entre ces deux opinions extrêmes, toutes les deux également incomplètes.

Si le fumier faisait et pouvait tout en culture, le repos, la jachère ou ce qui les remplace, l'alternance des récoltes, la loi de l'assolement dont nous parlerons bientôt, seraient, il faut l'avouer, parfaitement inutiles ; et en fumant beaucoup une terre, on pourrait la contraindre à produire toujours, avec une même puissance.

Si au contraire les sels minéraux étaient seuls indispensables à la végétation, on pourrait de même, en les employant exclusivement, se passer de toute autre fumure et ne point assoler. Les substances azotées, d'autre part, ne produiraient pas les remarquables effets qu'en obtient le cultivateur.

Erreur et exagération, je le répète, dans les deux cas. Pour nourriture, il faut à la végétation, des débris organiques animaux ou végétaux, et il lui faut également des substances minérales. Nous en trouverons bien la preuve, quand nous parlerons ailleurs de la composition de certains végétaux, de certains fourrages artificiels par exemple.

III. Donc, des fumiers scientifiquement traités, additionnés de certaines substances chimiques, -voilà l'alimentation qu'il faudrait pouvoir donner aux plantes.

La notion scientifique, la connaissance exacte des combinaisons à obtenir grâce aux additions à faire aux fumiers, voilà le problème dont la science nous doit la solution.

En attendant, fallût-il, ainsi que je l'ai dit au commencement de ce chapitre, se contenter de marcher un peu au hasard, d'agir par à peu près, on peut, on doit faire, sans peine, bien mieux qu'on ne fait généralement aujourd'hui.

On peut améliorer d'une manière notable la composition des fumiers.

On peut recueillir avec plus de soin bien des engrais qui se perdent sans profit pour personne.

On peut enfin se procurer souvent à peu de frais, des matières à engrais, ou des engrais industriels et commerciaux qui rendront, surtout au début d'une exploitation, d'inappréciables services.

Et sous ce triple rapport, lors même que théoriquement on garderait encore bien des incertitudes, il y a, selon moi, quelques instructions toujours bonnes à répandre, quelques enseignements toujours utiles à donner. Dût-on en effet, n'apprendre au cultivateur que ce qu'il sait déjà, on lui rendrait encore service en lui rappelant ce que trop souvent il oublie.

Sans abondants fumiers, point de culture féconde. — Sans grain, pas de pain, mais sans fumier pas de grain.— La terre est comme le bétail ; pour y gagner, il la faut bien nourrir. — Tout le monde sait cela, tout le monde comprend la haute importance des engrais et le rôle sans égal qui leur appartient dans la culture. Personne n'ignore que dans une ferme de quelque étendue, où l'engrais sera sagement réparti suivant les lois d'un assolement convenable, il est à peu près impossible de trop fumer, et que, conséquemment, on n'aura jamais trop, jamais assez de fumier.

Tout le monde sait cela ; et cependant, sauf de rares exceptions, dans la pratique quelle négligence ! quel dédain ou quel oubli des soins qu'exige le bon entretien des fumiers ! Quelle apathie, lorsqu'il s'agit de les préparer, de les améliorer, de les augmenter ! quelle incurie ou quelle misérable parcimonie lorsqu'il serait facile de donner, avec bien peu de peine ou bien peu de frais, le plus précieux appoint ou la plus utile addition aux engrais !

Si l'état général de l'agriculture dans un pays, peut être apprécié, comme cela a été dit quelquefois, rien qu'à l'aspect des fumiers entassés devant chaque ferme, quelle triste conclusion n'est-on pas fondé à tirer de ce qui se voit sous ce rapport dans la plus grande partie de la France ?

Ces masses de fumiers inégalement tassés, éparpillés çà et là, délayés par les eaux courantes, desséchés par le vent ou le soleil, dont leur trop vaste surface subit l'action fâcheuse ; ces rigoles du chemin, par où s'écoule, au préjudice de la salubrité comme au détriment de la fécondité, le jus le plus substantiel de l'engrais, merveilleux agent de production qui sera perdu pour tous, voilà qui fait certainement la honte de bien des villages, en donnant une pauvre idée de bien des cultivateurs ; voilà qui explique plus d'une récolte absente et plus d'une moisson misérable, dans les meilleurs pays.

Ne craignons donc pas de le dire à satiété :

Le premier soin du cultivateur, en ce qui concerne les engrais, ce doit être de tirer le meilleur parti possible du fumier qui est partout, du fumier de ferme, et de n'en laisser rien perdre par négligence.

Ici presque tout dépend, on le voit, de la conduite des tas de fumier. Nous nous efforcerons donc de donner à ce sujet quelques indications tout à fait élémentaires, qui puissent être comprises de tout le monde et utilisées partout.

Une des conditions les plus désirables, mais qu'on ne peut pas toujours réaliser, c'est de mettre ses fumiers à l'abri sous un hangar. Ce qui est plus simple et toujours facile, c'est de creuser plus profondément l'emplacement qui leur est destiné, en entourant cette espèce de bassin d'un rebord de terre qui empêche la déperdition des eaux.

Si les fumiers sont exposés à recevoir les eaux de pluie, s'ils sont à découvert, et si les terrains sont en pente, plutôt encore que de laisser perdre ainsi sans compensation une portion précieuse des engrais, il faut, quand on a dans le voisinage quelque prairie, et, dût-on faire pour cela quelque dépense, tâcher d'y conduire ces eaux d'écoulement. Les propriétaires de prairies avoisinant de la sorte un village, ne devraient manquer jamais de recueillir, par quelques rigoles ou au besoin par de petits canaux, les eaux stagnantes et ce trop plein des mares de fumier liquide, que la moindre pluie fait déborder.

En empêchant ainsi les fumiers de s'appauvrir de leurs sucs fertilisateurs, il faut s'efforcer encore d'en augmenter autant que possible et la quantité et la qualité,

Nous saurons certainement un jour, je le répète, comment il faut procéder scientifiquement, c'est-à-dire sans double emploi, sans superflu, sans dépenses inutiles faites par à peu près, à cette préparation chimique, disons le vrai mot dans sa trivialité, à cette cuisine destinée à l'alimentation des plantes. Mais en attendant, et en vue de la pratique actuelle et de l'opération immédiate, nous croyons encore que ce qu'il y a de mieux à faire pour le cultivateur, c'est d'ajouter à ses engrais, sinon telle ou telle substance préférée, au moins tout ce qui se trouve à sa portée, toutes les matières quelconques qui pourront s'assimiler à la masse et en augmenter le volume : la terre, les gazons, les mousses, les feuilles, la poussière des chemins, la boue des abreuvoirs, les curures des fossés, celles des mares, des pièces d'eau, des étangs, des rigoles ouvertes dans les prairies marécageuses, et en outre, les suies, les cendres, les plâtras, les résidus de toute espèce de charbon. — Tout cela, tant de choses qu'on ne daigne pas recueillir, qu'on laisse perdre au détriment de tout le monde, tout cela entrera on ne peut plus avantageusement, dans la composition générale des fumiers.

Ainsi nous ne saurions trop vivement recommander les dispositions que voici :

Placer au fond de la fosse à fumier une première couche de vingt à vingt-cinq centimètres de terre ; étendre ensuite une seconde couche de douze à quinze centimètres de fumier, la saupoudrer d'un décalitre de plâtre destiné à modérer et à régulariser la fermentation putride, en même temps qu'à fixer les gaz ammoniacaux dont il se perd le plus souvent une importante portion par l'évaporation, lorsqu'on entame les tas d'engrais ; ensuite une autre couche un peu moins épaisse de gazon, de terre, de boue, de curure de fossés, etc., le tout mélangé en gros et tassé également; puis encore un lit de fumier; et, si l'on peut se procurer assez facilement du sang, des onglons, des entrailles, ou les débris charnus d'animaux morts, et toute espèce de résidus des abattoirs, ranger le tout bien divisé et par couches peu épaisses entre deux lits de terre; de la terre encore, du fumier ensuite; saupoudrer toujours de cendres, de suie, de plâtre et de plâtras; et puis, au milieu de tout cela, intercalez tout ce que vous voudrez, tout ce que vous pourrez, tout ce que vous aurez sous la main : des chiffons de laine; si vous avez des chiffons de laine; les raclures des caves ; les balayures quelles qu'elles soient, toutes les ordures qui sont de trop partout ailleurs, et qui là seulement seront à leur place; et encore des joncs de marais, si vous avez un marais pas trop loin; autant de charretées que vous le pourrez de plantes aquatiques toujours abondantes le long de certains cours d'eau; des iris, des lis d'eau, des menthes, toutes les végétations grasses et bourbeuses, les grandes orties, et les yèbles, et toutes les espèces de sureaux dont la tige, la racine charnue se décomposent si facilement ; les fanes de pommes de terre, les mauvaises herbes ratissées dans les allées du jardin, etc., etc. Tout cela, alternant par couches dans les tas avec le fumier, la terre, la marne, les argiles pulvérulentes, tout cela arrosé fréquemment avec des urines, avec l'eau de fumier qui séjourne à l'entour du tas, fera une quantité considérable d'excellent, de puissant engrais.

Si donc dès la fin d'octobre, en novembre même, lorsque les semailles sont terminées, et que les travaux pressent moins, si plus tard encore (mieux vaut tard que jamais), si on commence, comme nous venons de le dire, la formation des tas de fumiers; si dans le courant de la saison, après six semaines ou deux mois, quand on aura du loisir, quand les fortes gelées suspendront les autres travaux extérieurs, si, disons-nous, on démonte une ou deux fois son tas, en le recoupant, en le remaniant et le mélageant du haut en bas, on aura pour les semailles de printemps plus du double des engrais ordinaires, et la qualité sera encore bien supérieure à la quantité.

V. Les engrais qu'on laisse perdre.

Un savant anglais, M. Cuthbert William Johnson, estime que les engrais *solides* perdus à Londres seulement, suffiraient à faire produire en accroissement de subsistances le nécessaire de 150,000 habitants.

La France, sous ce rapport, a, selon nous, de bien autres reproches à se faire.

Par la négligence des cultivateurs à recueillir les débris végétaux et animaux qui pourraient servir à fabriquer d'excellents engrais, par l'ignorance du plus grand nombre relativement à la valeur de la plupart des substances de cette nature;

Par le dégoût ridicule qu'on éprouve en certains pays pour les matières fécales ou animales, chair, sang et os;

Par l'ineptie qui dans nos villes balaie aux égouts et fait charrier aux rivières des masses d'immondices les plus riches en principes fertilisants;

Par l'incurie que nous avons signalée dans la manière dont sont traités les fumiers de ferme;

Par l'évaporation et la dessication au soleil, par le délavage à la pluie de la plus grosse part de ces fumiers.

Il se perd chaque année en France, j'en ai la ferme conviction, une valeur d'engrais au moins égale sinon supérieure à celle qu'on utilise.

En énumérant quelques-unes des substances qu'il est avantageux d'ajouter à la masse des fumiers, j'ai mentionné un certain nombre de ces détritus ou débris, un certain nombre de ces matières qu'on a le tort de négliger.

La suie, la cendre, les débris de démolitions, toutes sortes de plâtras, toutes sortes de poussières et balayures des chemins. La terre salpêtrée des caves, les terres charbonneuses ou brûlées ne sont pas recueillies comme elles devraient l'être, et sont cependant par elles-mêmes des engrais d'une haute valeur.

Mais toutes ces matières *pulvérulentes*, toutes ces matières en poudre, tout comme beaucoup d'autres substances sèches, spongieuses ou absorbantes telles que les chiffons de laine, la bourre de laine, etc., qui même étant seules ont déjà une rare puissance de fertilisation, seront employés avec grand profit à servir d'excipient, c'est-à-dire de contenant pour nombre de liquides également précieux, également fertilisants, qu'il est souvent difficile ou répugnant d'employer seuls sans les avoir épaissis ou rendus solides, en les desséchant, en les *enrobant*, en les *pralinant*, c'est-à-dire en les mettant, pour ainsi parler, sous une sorte d'enveloppe.

Les débris des vidanges, le sang des abattoirs, les matières fécales, les urines, les eaux vannes, les eaux d'éviers, les eaux de lessives et de savonnages, etc., doivent être conservés avec une attention constante. Mélangés avec des chiffons, des balles de tous grains, de la poussière sèche, de la suie, des poudres de charbon et tous les autres engrais pulvérulents ou absorbants dont j'ai parlé tout à l'heure, ces liquides, si répugnants pour la plupart, forment une pâte bientôt

assez consistante pour être transportée avec des tom-
beraux, et n'ont, après le mélange, qu'une odeur très-
supportable. Au bout de quatre ou cinq jours, cette
odeur cesse d'être réellement plus sensible que celle
du fumier d'étable ordinaire. Au bout de trois ou
quatre mois, la masse forme un compost presque
inodore, sec et à peu près pulvérulent, qui peut se répandre à la main sur les récoltes, sans que l'ouvrier
employé à ce travail puisse même se douter de ce qu'il
manipule ainsi...

Oh! les engrais qui se perdent! il y en aurait long
à dire sur ce sujet; mais ce qui précède suffit à donner
une idée de ce que le cultivateur soigneux et ami du
progrès peut et doit faire. Celui-là seul qui aura expérimenté ces pratiques, se fera une idée juste des résultats merveilleux auxquels elles peuvent conduire.

En attendant, combien de braves gens se plaignent
de leurs récoltes trop constamment médiocres, qui
n'auraient qu'à s'accuser eux-mêmes et à rougir de
leur négligence!...

VI. Outre les fumiers de ferme qu'on traite mal et
qu'il faudrait mieux conduire; outre les substances
fertilisantes qu'on néglige et qu'il faudrait recueillir
avec soin, il convient de recommander encore avec
insistance :

Les engrais végétaux à enfouir en vert;

Les engrais industriels et commerciaux, dont il ne
faut pas s'engouer imprudemment, mais qu'il ne faut
pas non plus repousser systématiquement sans les entendre, c'est-à-dire sans les essayer quelquefois.

Les principaux engrais verts, ceux du moins dont
les bons effets se manifestent à peu près partout, sont
particulièrement :

Les féveroles pour terre-forte et substantielle, argileuse ou calcaire;

Les lupins pour terre légère, granitique, ce qu'on appelle *Varennes*.

La féverole peut être suppléee par les vesces, les jarousses, le trèfle, la moutarde, etc.;

Les lupins peuvent être suppléés par le sarrasin et le trèfle encore.

Mais la féverole et le lupin l'emportent de beaucoup comme valeur fertilisante, sur tout ce qu'on peut mettre à leur place.

Un mot maintenant sur ce procédé de l'enfouissement en vert, sur l'emploi des engrais verts, trop peu appréciés ou plutôt trop ignorés en France.

Partout où les chemins sont mauvais, partout où les terres sont situées à une distance considérable de la ferme et d'un accès difficile; en un mot, toutes les fois aussi qu'on est à court d'engrais, ne comprend-on pas combien il peut être avantageux et commode de porter la fumure d'un hectare dans un sac d'un hectolitre ou deux de graine quelconque? De plus, féveroles, vesces, lupins, sont comme le trèfle et le sarrasin lui-même d'excellents ou tout au moins de passables fourrages. La culture de l'engrais vert est un en-cas pour les nourritures ; vous êtes à court de fourrage, vous fauchez ou faites pâturer plus ou moins complétement sur place. Le fourrage au contraire abonde, le dernier labour qui précède la semaille enfouit l'engrais vert, et le champ est fumé. N'a-t-on pas vraiment tort d'user si peu d'un moyen si précieux et si facile de marcher à la fertilité?

Les engrais industriels et commerciaux ne doivent être achetés qu'avec prudence, et, dans tous les cas,

il ne faut en généraliser l'emploi dans un domaine
qu'après une expérimentation partielle, qu'il convient
même de répéter plusieurs fois. Et néanmoins les engrais bien connus pourront rendre, à de certaines
périodes de la vie progressive d'une ferme, d'indispensables services.

VII

SUITE DE LA FERTILISATION DU SOL. — AMENDEMENTS, CHAULAGES, MARNAGES.

I. AMENDEMENTS. Amender, c'est changer, corriger,
compléter la nature plus ou moins défectueuse, plus
ou moins incomplète du sol.

Sous ce rapport, défoncer, fumer, irriguer, etc.,
c'est déjà amender.

Mais dans un programme d'enseignement d'agriculture, pour bien s'entendre, il convient de désigner
particulièrement sous le titre d'*amendements*, toutes
les substances minérales destinées à changer la nature
physique d'une terre, ou même à modifier d'une manière plus ou moins durable sa constitution chimique.

Ainsi, il n'est pas nécessaire d'être très-expert en
culture pour savoir qu'il importe grandement de
donner, toutes les fois qu'on le peut, à un terrain sableux plus de liaison et de consistance.

On n'ignore pas davantage qu'il sera presque toujours utile d'introduire dans les terres glaises ou argileuses compactes, des éléments nouveaux qui puissent en faciliter la division et la *perméabilité*.

Enfin, dans un terrain tourbeux, indépendamment des conditions d'acidité qu'il y aura souvent à combattre, la nature spongieuse du sol réclamerait à peu près partout des substances actives, et pour ainsi dire une sorte de ferment propre à favoriser la désagrégation des *détritus* ou débris végétaux, et à rendre en même temps à la terre la densité convenable qui lui manque.

Ces trois exemples suffisent à donner idée du but qu'on se propose en amendant un sol.

On peut dire, en effet, tout d'abord, que le sable mêlé à l'argile ou à la tourbe, que l'argile mêlée à la tourbe et au sable, et réciproquement, amenderont avantageusement la base trop exclusive à laquelle on les administrera.

Qui n'a d'ailleurs été à même de se rendre compte, ne fût-ce que par hasard, de l'effet merveilleux que produit généralement un simple mélange de terres quelconques. Le mélange, après l'épandage de terres rapportées, encore que celles-ci fussent de médiocre nature, accroîtra néanmoins d'une manière sensible la fertilité d'une terre même de qualité supérieure. Il suffit du moindre essai pour s'en convaincre.

Quant à la convenance des opérations de ce genre, elle ne peut être établie sur des règles précises. La proximité des lieux, le prix de la main-d'œuvre, bien d'autres circonstances encore doivent être prises ici en sérieuse considération. Disons seulement que les observations que tout le monde est à même de faire à cet égard, manifesteront assez l'intérêt qu'il y a à étudier le rôle des amendements spéciaux auxquels les engrais proprement dits, lors-même qu'on les aurait en surabondance, ne suppléeront encore qu'imparfaitement.

Les amendements terreux ou minéraux dont il nous semble utile de dire maintenant quelque chose, sont en général *siliceux*, *argileux* ou *calcaires*.

Les amendements *siliceux* sont les sables, les graviers, on peut également ajouter la *tangue* ou sable de mer, très-riche d'ailleurs en principes calcaires, et quelquefois en débris animaux, poissons, mollusques, etc., qui en font un véritable et énergique engrais.

Les amendements *argileux* sont les argiles de toute sorte, réduites en poudre plus ou moins grossière, par l'action de l'atmosphère, et mieux encore par la calcination.

Certaines marnes, suivant que l'argile ou la chaux y domine, peuvent être également considérées comme des amendements argileux ou calcaires et rendre, suivant leur nature, un double service.

II. En somme, les amendements calcaires, particulièrement importants entre tous, sont : la chaux, et la marne où se trouve une proportion notable de chaux.

La chaux est le principal et le plus employé de tous les amendements ; elle agit à la fois comme substance chimique et comme agent mécanique.

Les immenses résultats dus au chaulage, nous obligent à entrer ici dans quelques développements qui peuvent d'ailleurs aider à faire mieux comprendre quelques-unes des lois mystérieuses de la végétation.

En parlant des engrais nous avons cherché à expliquer les rapports qui existent entre la composition chimique des plantes et la constitution des terres. Nous tenons dès à présent.pour démontrée cette vérité, d'ailleurs élémentaire, que le sol doit être pourvu des substances diverses dont chaque plante a besoin pour s'y former et croître.

Eh bien, la chaux, sous forme de carbonate,.est l'un des principaux éléments, un des minéraux les plus essentiels, que les plantes ont à s'assimiler pour vivre et fructifier, et qu'on retrouve en elles par l'analyse, en des proportions souvent énormes.

Le carbonate arrive dans la plante à l'état de sel soluble de chaux, par le jeu des fonctions d'un ordre si élevé qui s'accomplissent durant la végétation.

Cette assimilation est indispensable à la plupart des produits que l'homme demande à la terre ; d'où l'impérieuse nécessité d'administrer sous une forme ou sous une autre, à un grand nombre de cultures, — l'élément calcaire, s'il ne se trouve déjà en quantité suffisante dans le sol.

C'est pour satisfaire à ce besoin, qu'on a longtemps préconisé les additions de chaux faites à la masse des fumiers ; et certainement, les terres à base calcaire, tout comme les marnes, employées comme litières-terreuses, eussent résolu le problème de donner au sol, dans un utile mélange, et l'amendement calcaire et l'engrais richement azoté.

Mais ici se présentent deux opinions longtemps et absolument contradictoires :

D'une part, on a dit que la chaux stratifiée avec les matières organiques et mélangée avec elles, les préservait d'une décomposition trop hâtive :

D'autre part, au contraire, on soutenait que la chaux activait cette décomposition à ce point que les principes fertilisants étaient presque instantanément perdus.

Eh bien, les deux assertions étaient relativement vraies :

Suivant les cas, on avait raison des deux parts.

Et voici, ce semble, les conclusions définitives qu'il importe de ne pas oublier :

La chaux en contact avec des matières dont la décomposition a déjà commencé, pousse promptement cette décomposition à ses dernières limites.

Mais si la décomposition n'a pas commencé ; si les matières sont à l'état frais, pourvu qu'elles soient préservées de l'humidité, la chaux les conservera indéfiniment presque sans déperdition.

Ainsi la chair musculaire, le sang, les urines à l'état frais, conserveront toute leur valeur si on les mélange immédiatement avec la chaux. Etendues sur les terres, et au contact de l'humidité atmosphérique, elles fourniront aux plantes, par une décomposition graduelle, les éléments les plus favorables à une belle végétation.

Mais, on le répète, si la fermentation putride est déjà en pleine activité, la chaux la hâtera, de telle sorte que, dans le transport seul des fumures aux champs, la plus grande partie des principes actifs de fertilité sera infailliblement perdue.

Il résulte de ces données nouvellement acquises à la science, qu'on ne peut sans danger mélanger la chaux aux fumiers dont la décomposition peut avoir commencé. Répandue sur les cultures, au contraire, la chaux aura cet utile effet de leur rendre facilement assimilables les matières azotées dont la décomposition s'est arrêtée à la longue. Mais comme récipient des excréments d'étable, pour constituer les litières terreuses essentiellement propices à la conservation des principes fertilisants, c'est l'argile, l'argile légèrement·calcinée ou tout au moins très-sèche, qu'il faut particulièrement recommander.

L'argile sera employée dans tous les cas avec avantage, que les matières soient fraîches ou qu'elles soient déjà en voie de décomposition.

Dans ce dernier cas même, il n'y aura qu'une insignifiante déperdition de 3 à 4 pour 100, tandis qu'avec la chaux cette déperdition peut être de 70 à 80 pour 100.

Tels sont les résultats définitifs des dernières études analytiques faites par M. Payen, et qui ont été le sujet d'une douzaine de mémoires successifs. Ces conclusions ont une une rare importance. En ce qui concerne la chaux, théoriquement elles expliquent les anomalies apparentes qui avaient permis à des affirmations contradictoires de se produire avec le caractère d'une égale vérité.

En économie rurale, elles fournissent des indications précises dont il y aura lieu de tenir grand compte, et qu'il est possible de résumer comme il suit pour l'instruction et la règle du cultivateur.

Bien que la chaux soit un élément essentiel de la fertilité, et qu'elle joue un rôle considérable dans la végétation, comme cela résulte de l'examen attentif de la constitution chimique des végétaux, il faut apporter une extrême prudence dans les mélanges qu'on serait tenté d'en faire avec les engrais azotés.

Elle serait très-convenablement administrée, répandue sur les cultures après la fumure et au moment où la végétation des récoltes va commencer; elle activerait la décomposition des matières organiques restées encore inertes, et fournirait ainsi une alimentation très-régulière aux plantes appelées à en bénéficier.

Pour ce qui est des litières terreuses, il reste acquis que l'argile, sèche ou légèrement calcinée, mérite toute préférence sur les autres excipients d'engrais plus ou moins justement préconisés, et qui, tels que la craie, la marne, etc., contiennent, en des proportions variables, l'élément calcaire.

Les longues dissidences qui, sur ce point, ont agité la science agronomique, tombent aujourd'hui devant les résultats acceptés d'investigations sagaces et concluantes.

III. J'ai parlé ailleurs des cendres qui doivent être aussi considérées comme un riche amendement, et je viens de dire un mot des litières terreuses. Cette dernière question prend en ce moment une grande importance, dans les fermes, et elles sont nombreuses, où l'on voudrait restreindre la culture des céréales, et où le besoin d'avoir de la paille empêche seul d'étendre les cultures fourragères aux dépens de la sole des blés.

La paille en effet, est un fourrage d'une valeur alimentaire supérieure à la valeur qu'on lui reconnaît en beaucoup de pays. D'autre part, sans abondantes litières peu de fumier, et la paille est presque partout la seule litière d'un grand usage, d'un usage continu.

Serait-il pourtant difficile de construire non loin de l'étable, de vastes fourneaux à l'air libre, faits de gazons, de mottes, de débris d'herbes sèches ou de mauvaises herbes, où l'on ferait incinérer, brûler lentement, brûler à demi des masses de terres argileuses, tourbeuses, etc. ? Cette terre brûlée, cette cendre

terreuse serait une excellente litière, permettrait
d'économiser les pailles, de faire consommer toutes
les balles, toutes les siliques, etc., et donnerait par le
mélange avec les déjections liquides et solides, des
animaux, un fumier exceptionnellement précieux
pour la plupart des récoltes.

IX.

LA JACHÈRE ET LES ASSOLEMENTS.

Nécessité de l'assolement ou alternance de cultures.

I. Souvent on appelle indifféremment friches ou
jachères les terrains désertés par la culture, qu'ils
aient ou non été cultivés autrefois.

Mais, en agronomie, il convient de donner exclusivement le nom de *jachère*, à l'état d'un sol qui,
n'étant pas soumis à une production annuelle, subit
par conséquent des périodes plus ou moins régulières
de repos. Dans ce cas, le cultivateur consacre ces intervalles, ces lacunes dans la production, à des façons
préparatoires pour les récoltes à venir ; ou bien, la
période du repos se prolongeant comme il arrive dans
beaucoup de nos régions du centre, on laisse le sol,
intact pendant plusieurs années, se couvrir d'une
végétation plus ou moins active de plantes adventices,
destinées à la nourriture du troupeau — maigre et
pauvre nourriture !

La jachère est donc une intermittence plus ou

moins rationnelle des cultures, une interruption systématique dans la production.

La jachère, en thèse générale, et en dehors de circonstances exceptionnelles, la jachère périodique
peut-elle être justifiée? peut-elle être érigée en système ?

Ne faut-il pas au contraire la combattre partout où
elle règne encore, partout où elle retranche à la consommation de tous, une portion notable des produits
que nous doit la culture ?

Enfin, si l'on admet que le progrès agricole ait à
lui faire la guerre jusqu'à ce qu'elle soit chassée de
partout, comment lui substituer un système de culture, qui non-seulement n'épuise pas la fécondité déjà
existante, la richesse déjà acquise du sol, mais puisse
augmenter par degrés cette richesse et cette fécondité ? comment substituer à l'alternance du repos
l'alternance des récoltes? Sans doute la théorie est
fixée sur ces divers points; et généralement elle condamne la jachère. Cela n'empêche pas qu'un tiers peut-
être des régions culturales de la France, cela n'empêche pas que de vastes surfaces du centre et du midi
soient encore assujetties plus ou moins régulièrement
à la jachère la plus inepte, la moins améliorante, la
moins justifiable en un mot, je veux dire la jachère inculte; cela n'empêche pas que, par le fait de l'incurie,
de la routine, de l'inertie des intelligences, par le fait
surtout de l'impuissance du capital rural, on ne
laisse le sol se fatiguer, se salir, s'appauvrir dans un
repos apparent, vraiment funeste; cela n'empêche
pas que des milliers et des milliers d'hectares ne s'é-
puisent annuellement à produire des chardons et
des ronces qui pourraient être remplacés si oppor-

tunément par un fourrage, au grand profit de l'alimentation du bétail, de la production du fumier, et par conséquent de la fécondité ultérieure des terres.

II. D'un autre côté, si la science a, depuis longtemps condamné la jachère, est-ce une raison pour que celle-ci n'ait, désormais plus de défenseurs éclairés, sans parler des praticiens ignorants ?

Chacun a pu, comme moi, rencontrer dans le monde agronomique, des hommes d'une grande autorité, qui n'hésitaient pas à justifier le repos du sol, et se faisaient forts d'en démontrer les avantages.

Ces hommes affirmeront énergiquement :

Qu'une culture, si intelligente qu'elle soit, demandant d'énormes rendements au sol, ne peut point à la longue ne pas appauvrir ce sol ; que, de deux terres d'égale nature celle-là leur semblera certainement préférable, qui aura été le moins mise à contribution par les cultures antérieures;

Que plus on aura emprunté à l'accumulation de fertilité primitive, plus on aura puisé dans la réserve de nourriture contenue dans chaque sol, et moins il y aura à prendre dans ce sol;

Et qu'enfin, malgré toutes les objections, malgré les décisions absolues de la science, la jachère, une jachère revenant à des intervalles sagement déterminés, leur semble ne devoir pas être exclue de la pratique des agriculteurs les plus judicieux.

Les adversaires soutiennent non moins résolument une opinion toute contraire : « A la condition, disent-ils, que les cultures d'ancienne date aient été intelligemment conduites, plus une terre aura, durant de longues années, reçu des soins assidus, plus elle aura reçu de bonnes et copieuses fumures, et plus aussi elle aura gagné en fertilité, en puissance productive, en valeur permanente.

III.» Sans doute si on méconnaît la loi suffisamment précise désormais des assolements rationnels ; si on ne sait pas s'astreindre rigoureusement à introduire et à maintenir dans l'exploitation une rotation convenable, dans laquelle les récoltes améliorantes succéderont aux récoltes épuisantes ; si on demande sans discernement, et pour ainsi dire au hasard, si on demande à la culture des produits toujours identiques, toujours les mêmes produits, la terre, après avoir donné tout ce qu'elle peut donner et bientôt plus qu'elle ne peut donner, c'est-à-dire plus qu'elle ne reçoit, plus qu'on ne lui restitue, la terre deviendra rebelle à cette inepte exigence ; et dans ce cas, il aurait bien mieux valu, cela est de toute évidence, adopter un système où la jachère eût périodiquement sa place.

» Mais si l'on agit tout autrement, si les récoltes fourragères assurent avec avantage ce repos du sol, dont le sol a besoin pour se refaire ; si les céréales, par exemple, ne se succèdent que par intervalles suffisants, la somme totale des produits témoignera infailliblement par sa supériorité, de la supériorité du système.

» On aura abondance de bestiaux par les fourrages, abondance de fumiers par les bestiaux et grâce aux cultures sarclées, aux racines, grâce aux légumineuses bien venues, les terres plus propres encore qu'elles ne pourraient l'être avec une jachère bien faite, progresseront toujours au point de vue du produit actuel comme de la fécondité future.

» Voyez, dira-t-on encore, voyez les cultures maraîchères. Le champ y prend-il jamais du repos? Et cependant, grâce à une infatigable main-d'œuvre, grâce aussi à une abondante et continuelle fumure, la production ne s'y maintient-elle pas constamment à un niveau supérieur, à un *maximum* qui est, pour la grande culture, un objet d'envie et une leçon permanente?

» Loin donc de préférer, avec les partisans de la jachère, loin de préférer entre deux terres égales par leur nature celle qui sera restée le plus longtemps oisive, il faut estimer bien davantage la terre dès longtemps améliorée, qui par des fumures antérieures réitérées et des façons fréquentes, aura, sans cesser d'être productive, acquis en surabondance cette richesse supplémentaire, la *vieille force* dont parle un agronome étranger, l'illustre Thaer, la *vieille force* avec laquelle un bon cultivateur assolant bien, cultivant bien et fumant de même, fera toujours des prodiges. »

IV. Entre les défenseurs et les adversaires absolus de la jachère, interviennent à leur tour les partisans d'un système tempéré, les représentants d'une sorte de juste milieu.

Ceux-ci admettent volontiers, qu'il y a, d'abord, des terres redevables à des circonstances particulières d'une telle puissance, d'un excès de fertilité à ce point inépuisable, qu'elles sembleraient pouvoir impunément se soustraire à la loi du repos, et quelquefois même à celle de l'assolement.

Les principes nécessaires à la végétation semblent, en effet, s'être accumulés en de telles proportions dans certains sols, dans des terrains d'alluvion, par exemple, qu'on pourrait peut-être indéfiniment leur

demander de produire presque sans rien leur rendre;
et qu'ils produiraient en abondance les récoltes même
réputées les plus épuisantes.

En dehors de ces conditions d'exception, et dans
bien des cas ordinaires, le cultivateur habile, sachant
faire alterner convenablement ses cultures, n'aura pas
besoin de la jachère pour maintenir son domainè dans
un *statu quò*, dans un état habituel favorable, dans
un état d'heureuse fertilité et de production sans
amoindrissement.

C'est là sans doute la loi la plus générale; celle qu'il
faut professer le plus ordinairement dans l'intérêt de
la masse des agriculteurs.

Mais, en d'autres cas, la jachère sans dire son secret,
pourra rendre des services incontestables, en suppléant
par le repos, par l'action lente du-temps, et encore
par les façons plus parfaites qu'elle permet de multiplier, à cette force mystérieuse, à cette richesse de vie,
qui est ici, et qui n'est pas là, dans des proportions
suffisantes; en compensant en un mot, les consom-
mations et les déperditions de la production, con-
sommations et déperditions, qui amènent parfois
l'épuisement et la stérilité.

V. Or, de tout ce qui précède, il ressort sans doute que
quelque chose de très-spécieux tout au moins, milite
au premier abord en faveur du système de la produc.
tion agricole non-continue, c'est-à-dire de la jachère.

On ne pèut cependant admettre que la terre ait des
besoins inexplicables, encore moins des caprices.

La terre n'a pas horreur de la production continue,
comme la nature au dire des anciens avait horreur du
vide.

On ne peut donc pas supposer que les champs

en culture veuillent le repos par amour du repos.

On ne comprend pas davantage que des hommes éminents, certains agronomes allemands si je ne me trompe, aient pu donner au problème qui nous occupe cette puérile explication de la sympathie et de l'antipathie des plantes entre elles. Enfin, il n'est pas non plus permis, ce semble, d'accorder une attention sérieuse à l'opinion qui ferait jouer un rôle considérable aux *excrétions* des plantes.

Ces excrétions, d'après la théorie bizarre dont nous parlons, seraient *délétères*, c'est-à-dire nuisibles pour les plantes similaires qui les rencontreraient dans le sol, après une première récolte de même nature. A ce compte, plus un froment par exemple, aurait été bien venant et vigoureux une première année, plus il aurait par conséquent, durant le cours de sa végétation, laissé d'abondantes sécrétions dans la couche végétale, et moins il serait permis d'espérer une seconde récolte semblable du champ qui vient précisément de témoigner sa richesse par la manière satisfaisante dont il s'est comporté.

De telle sorte que si par exception on pouvait s'affranchir une fois, soit de la nécessité du repos, soit de l'obligation d'alterner, de varier les cultures, ce serait, non pas sur la terre féconde qui a donné des rendements élevés à une première épreuve, mais bien plutôt sur la terre de qualité inférieure, moins pourvue de vieilles forces et moins rassasiée de fumure, où la première culture n'aurait su fournir qu'un médiocre produit.

C'est là précisément le contraire de ce que révèle l'expérience, le contraire de ce qui se passe, et de ce qu'on peut constater chaque jour.

6.

S'il arrive, en effet, et nous ne saurions assez y insister, qu'on puisse sans trop d'inconvénients méconnaître parfois la loi, mystérieuse encore en quelques points, qui commande d'alterner les récoltes, c'est précisément sur les terres qui, par leur production antérieure, ont déjà prouvé qu'elles avaient en elles surabondance de force et de fécondité.

Au demeurant, quelle que soit l'explication qu'on veuille admettre, un fait essentiel reste avéré : tout le monde sera d'accord en ce point que, sauf les cas exceptionnels déjà signalés, des récoltes identiques ou trop analogues ne peuvent se succéder impunément sur un même sol, avant un laps de temps variable suivant les lieux et suivant les plantes.

On aura beau fumer, prodiguer la fumure même au-delà du nécessaire en apparence, il viendra toujours un moment où la terre semblera se lasser, où elle exigera impérieusement soit le repos, soit l'alternance.

VII. Assoler c'est établir une succession rationnelle dans la série des cultures d'une exploitation. L'assolement, c'est la variété, l'entrecroisement, l'alternance des cultures, en conformité avec les notions de la science actuelle, en conformité par conséquent avec les besoins de consommation de chaque plante, tels que nous les connaissons. Mais comment cette succession des cultures sera-t-elle plus ou moins rationnelle? à quel signe reconnaître l'assolement normal?

La question, on le comprend, a une importance bien sérieuse. S'il est en effet démontré que l'assolement scientifique ou l'alternance donnent à la terre le même répit que la jachère, la jachère, dès lors, condamnée par le double intérêt du producteur et du

consommateur n'a certainement plus de raison d'être ;
et tout le monde dira avec moi :

« Assolons bien, fumons beaucoup, et nous n'aurons plus besoin de laisser la terre improductive.
Alternance de culture ou jachère sont deux nécessités
relatives de deux systèmes dont l'un est évidemment
bien plus avantageux que l'autre. Si donc nous par-
venons à trouver le secret de bien assoler, nous n'aurons plus à faire une place fâcheuse à la jachère. »

Or, que se passe-t-il dans ce travail d'assimilation
continue qu'on peut appeler le banquet perpétuel de
la végétation?

Chaque plante tire de la terre des substances spéciales, chaque plante se constitue, se forme, se déve-
loppe aux dépens d'éléments spécialement indispensables à sa nutrition. Toutes empruntent aussi à l'atmosphère, les unes plus les autres moins, une part des
principes alimentaires dont elles ont un besoin absolu.

Dans son milieu particulier, et proportionnellement
à la richesse du sol où elle doit vivre, chaque plante
trouve donc au fur et à mesure de ses besoins, ou
l'insuffisance, ou le strict nécessaire, ou une large et
utile abondance, ou le superflu lui-même ; et suivant
ces diverses conditions, le cultivateur obtient : récolte
nulle, — petite récolte, — belle récolte, — magnifique récolte ; ou enfin l'excès de végétation compromet à son tour les rendements, cet excès se manifes-
tant le plus souvent par la verse, par la vigueur
exagérée des tiges, par une perturbation dans l'économie de la plante, perturbation préjudiciable surtout à la fructification, partant à la quantité comme à
la qualité du produit.

Mais en résumé, quelque soit le point de départ, il

arrivera toujours, presque toujours, si on le préfère,
un moment où les plantes d'une espèce donnée
ayant absorbé la totalité ou la presque totalité de ce
que le sol doit leur fournir pour les besoins d'une
végétation satisfaisante, on subira forcément l'alter-
native, soit de restituer artificiellement au sol ce qui
lui manque désormais, soit d'attendre que, par divers
phénomènes très-complexes et le temps aidant, notre
sol se trouve reconstitué dans sa valeur et son énergie
primitives.

Après l'épuisement, la réparation nécessaire; sinon, plus de récoltes. Après l'appauvrissement et la
prodigalité, la nouvelle épargne; ou sans la nouvelle
épargne, la misère croissante.

Or, par les fumures ordinaires, on rend bien au sol
les principes azotés dont il a besoin, et il n'est même
pas impossible de lui en rendre plus que le nécessaire;
mais si cette opération ne suffit pas, et malheureusement l'expérience prouve tous les jours qu'elle ne
saurait suffire, si les plus riches fumures se montrent
graduellement et de plus en plus impuissantes, il en
faudra bien conclure que la restitution, par le fait des
engrais même surabondants, n'est pas complète.

Que peut-il donc manquer toujours, et que faudrait-
il restituer, outre les matières richement azotées dont
les fumiers sont manifestement bien pourvus?

Il manquera probablement les sels minéraux dont
nous avons déjà parlé, les principes alcalins reconnus
aujourd'hui indispensables à la végétation, indispensables à la constitution même des plantes, puisque l'analyse chimique les découvre chaque jour, en des proportions quelquefois surprenantes, dans l'organisme végétal.

Si nous sommes dans l'impossibilité de compléter de la sorte la restitution obligatoire, nous serons forcés d'attendre que l'action des météores, brouillards, pluies, neiges, gelées, rosées, etc., ait de nouveau saturé le sol, des principes qu'il avait perdus. De là, on le voit, de là, pour beaucoup de bons esprits encore, nécessité supposée du repos de la terre, c'est-à-dire de la jachère.

Mais s'il est démontré que certaines cultures secondent, favorisent, mettent énergiquement en œuvre cette action des météores, que certaines plantes feuillues absorbent par aspiration et rendent au sol les principes fertilisants en suspension dans l'air, et qu'elles agissent ainsi au profit des plantes autrement conformées qui peuvent leur succéder, n'entrevoit-on pas dès lors clairement la possibilité de supprimer la jachère ?

Ne pressent-on pas la loi des assolements qui va se révéler ?

Il faudra simplement, par l'alternance des cultures, faire succéder aux plantes qui demandent tout ou presque tout au sol, les plantes qui, en raison de leur action vitale même, mettent à contribution l'atmosphère ; et la reconstitution du sol en des conditions favorables se fera plus régulièrement à coup sûr et surtout bien plus promptement qu'avec le paresseux concours de la jachère.

VIII. Quelques preuves, prises dans l'ordre des faits connus de tout le monde, quelques preuves qui d'ailleurs sont des détails bons à étudier pour eux-mêmes, compléteront la démonstration qui précède.

Déjà, en posant la question des assolements, j'ai mentionné les cultures maraîchères, qui à force de bons soins, de main-d'œuvre assidue, de fumures énergiques et surtout très-variées, semblent, dans une certaine mesure et pendant d'assez longues périodes tout au moins, s'affranchir à peu près impunément, non-seulement de la nécessité du repos, mais parfois aussi de celle de l'alternance.

Or ne sait-on pas, et il suffit ici de regarder pour voir, ne sait-on pas que dans la culture des jardins, les façons incessantes, l'action à peu près ininterrompue de la main de l'homme, mettent le sol en communication plus fréquente ou plus prompte qu'en toute autre culture, avec les influences atmosphériques ?

Ne sait-on pas, d'autre part, que les engrais consacrés à la grande production légumière, pris généralement dans les villes, contiennent en mélange empirique si l'on veut, en mélange de hasard, mais toujours et infailliblement en mélange très-varié, des débris végétaux et animaux où la matière azotée surabonde, et en même temps (c'est là l'indispensable complément pour une production continue), tous les sels minéraux, toutes les matières alcalines fournies par les cendres, charrées, poussières de charbon ou de houille, par la suie, la chaux, le plâtre, les plâtras, les salpêtres, et tous les détritus, et tous les résidus des usines, fabriques, etc.

D'où il résulte manifestement, ce me semble, que la restitution faite par la fumure à la terre étant ici complète, la dépense alimentaire étant régulièrement compensée, la terre peut indéfiniment se prêter à cette transformation continue des engrais qu'elle reçoit, en produits végétaux sans cesse renouvelés.

Une autre preuve d'un autre genre, mais également

concluante, peut être empruntée aux beaux travaux de M. Barral sur les eaux de pluie, travaux qui ont été certainement très-remarqués dans le monde savant et qui l'ont été moins encore qu'ils n'auraient dû l'être.

Ces travaux ont démontré :

Que les pluies recueillent au profit du sol les émanations du sol même, celles de la mer, celles des grandes agglomérations urbaines, fumée, gaz, vapeur de tout genre, etc ;

Qu'elles servent de véhicule aux principes divers, aux substances variées qui sont en suspension dans l'atmosphère ;

Qu'elles réapprovisionnent par conséquent ainsi le sol, d'une notable quantité de matières indispensables ou utiles à la végétation.

M. Barral nous aide donc singulièrement à comprendre comment, par le seul fait du temps, sans participation de l'homme, sans opération de l'art agricole, les sols peuvent être constamment mais lentement reconstitués dans leur intégrité de puissance, constamment mais lentement pourvus à nouveau de leur richesse primitive.

Nous apprenons de la sorte comment, à défaut d'art et de science, à défaut de l'activité de l'homme, le repos, la suspension de production, c'est-à-dire le temps nécessaire au réapprovisionnement complet de la terre, est le plus souvent indispensable à celle-ci.

Mais nous apprenons également comment la chimie de l'homme pourrait intervenir avec utilité, avec opportunité, pour activer, compléter ou suppléer cette chimie plus lente de la nature qui laissée à elle-même, force précisément par sa lenteur, à distancer entre elles les cultures, à assoler non pas au gré des besoins de la consommation, mais au gré des besoins de la végétation.

IX. On pourrait sans doute multiplier les preuves de détail. Il serait facile de trouver dans des faits déjà scientifiquement démontrés, bien d'autres arguments qui appuieraient et justifieraient d'une manière décisive, la vérité de ce que nous avons avancé jusqu'à présent.

Je me bornerai pourtant à consigner ici une dernière observation qui me revient à propos en mémoire.

J'ai entendu, il y a quelques années, un homme d'un haut mérite, un homme dont l'autorité est acceptée à des titres très-divers, c'est-à-dire en plus d'un genre de sciences, j'ai entendu M. de Caumont, l'initiateur des congrès scientifiques en France, signaler le fait singulier que voici :

Sur certaines terres du Calvados, on a vu pendant d'assez longues années, le *colza* se succédant sans interruption à lui-même, donner invariablement de magnifiques récoltes.

M. de Caumont avait, en personne, constaté cette infraction aux principes généralement admis; il avait constaté le succès impertinent, on peut le dire, obtenu, en dépit de la règle, en dépit de la science elle-même, par l'avidité aventureuse des cultivateurs.

M. de Caumont craignait bien que, si la même pratique devait imprudemment se continuer, la production, tôt ou tard, n'en fût amoindrie dans de sérieuses proportions; et quoique, jusqu'alors, la terre eût paru ne pas se révolter contre l'énormité d'une telle exigence, l'éminent géologue - agronome concluait en conseillant aux cultivateurs qui ne voudraient ni ruiner l'avenir du sol, ni escompter en quelques années toute la fertilité future, de ne pas persister plus longtemps dans une voie si dangereuse.

Mais le fait constaté n'en demeurait pas moins triomphant jusqu'à nouvel ordre.

Toutefois, une particularité qui mérite d'être retenue, c'est que les terrains dont il est ici question, ceux où le colza avait prospéré avec la même vigueur productive pendant plusieurs années de suite, ces terrains auxquels il semblait, par conséquent, qu'on eût pu demander indéfiniment la même récolte, révélaient de nombreux vestiges, des traces incontestables d'anciens établissements romains. C'étaient des champs où se rencontraient à chaque pas des débris prouvant d'une manière irréfragable que les Romains avaient habité là.

Et M. de Caumont demandait si on pourrait trouver dans ce fait une explication des conditions spéciales de fertilité dont ces champs paraissaient doués.

Or, après tout ce que nous avons dit jusqu'à présent, n'est-on pas naturellement conduit à admettre que ces récoltes successives, ces récoltes de colza, toujours également belles, s'expliqueraient d'une façon très-plausible par le fait qu'un campement romain avait jonché le sol de débris de toute sorte?

Les sels accumulés dans la couche végétale, par suite d'une grande agglomération humaine, laquelle avait entassé d'abord, puis disséminé, divisé, broyé, pulvérisé tuiles, briqueteries, poteries, argiles calcinées, argiles sèches, des plâtras, des os, des cuirs, des étoffes, etc., et les résidus cinéraires de nombreux foyers, et les détritus charbonneux de combustions diverses, tout cela n'avait-il pas pu largement suffire à alimenter, d'une manière presque inépuisable, la végétation de la plante oléagineuse?

On sait, en effet, combien les principes alcalins sont favorables au développement des crucifères; on sait dans quelles proportions considérables la cendre de ces végétaux fournit des sels de potasse, par exemple; pour que ces sels s'y retrouvent, il faut donc nécessairement que les végétaux les aient tirés du sol, et, conséquemment, que le sol en ait été richement pourvu; et c'est bien là ce qui paraît avoir existé dans le cas signalé.

X. Les observations qui précèdent et qu'il nous serait facile de multiplier, nous permettent sans doute maintenant de conclure.

Je répète d'abord que l'étude comparative de la composition chimique des terres et de la composition chimique des plantes est le premier intérêt agricole dont la science ait à se préoccuper.

L'analyse des terres doit dire ce que les terres contiennent d'aliments propres à la nourriture de chaque plante; l'analyse des plantes doit dire ce dont elles ont besoin pour naître, se développer et fructifier.

L'art agricole perfectionné consistera ensuite à administrer à chaque végétal la nourriture spéciale qui lui convient.

Donner à chaque végétal en particulier tout ce qu'il lui faut, et ne lui donner que cela, sans déperdition, sans profusion, sans double emploi, sans superflu, sans que l'engrais administré en excédant au sol puisse y rester inutile, ou alimenter les mauvaises herbes, ou contrarier le juste équilibre qu'il convient de maintenir entre la végétation de la tige et la plénitude normale de la fructification, tel est, nous l'avons dit sous plusieurs formes, le plus important peut-être parmi les *desiderata* du progrès, dans la science de la production rurale.

C'est ainsi qu'il peut être donné à la science de remporter sa victoire définitive sur la jachère, sur cette théorie de la jachère qui, si elle peut encore se justifier exceptionnellement dans l'état actuel de nos connaissances, ne saurait être soutenue, du jour où la spécialisation des engrais, ou leur appropriation rationnelle à chaque culture et les additions chimiques qui pourraient être faites au fumier, le tout combiné avec une judicieuse succession des produits, améliorerait et reposerait la terre au milieu même d'une activité continuelle et de plus en plus féconde.

Jusque-là, pour soustraire une culture à la nécessité de la jachère, il faut, et les raisons en sont désormais connues si nous avons su nous faire comprendre, il faut, nous l'avons déjà dit et nous voulons le redire, faire succéder les unes aux autres les récoltes qui ne s'alimentent pas de la même nourriture.

Il faut faire succéder les unes aux autres, les récoltes superficielles, c'est-à-dire celles dont les racines se développent à la surface, et les récoltes plongeantes qui puisent leur vie à une profondeur variable de la couche arable.

Il faut, aux récoltes épuisantes qui demandent tout à la terre, qui doivent (comme les céréales) arriver à complète maturité, qui ne laissent après elles aucun débris utile, il faut, dis-je, faire succéder les récoltes améliorantes, celles qui empruntent beaucoup à l'atmosphère, qui, des largesses de l'atmosphère recueillent et emmagasinent en terre plus même qu'elles ne consommeront; qui en feuilles ou en tiges abandonnent au sol de riches détritus; celles enfin (les fourrages par exemple) qu'on ne laisse pas arriver à leur pleine maturité, dont les tiges, par conséquent, n'ont pas à subir cette période de dessication durant laquelle la plante ne pouvant plus absolument rien prendre dans l'air, le sol doit seul fournir à tous les besoins de la phase la plus exigeante dans la vie du végétal, celle de la maturation de la graine.

Tels sont les principes sur lesquels repose toute loi d'*assolement;* telles sont les conditions d'après lesquelles il faut tendre à substituer une succession normale et continue de cultures diverses, aux stériles repos de *la jachère.*

XI

LA PRODUCTION CONTINUE.

I. Le sujet que nous allons maintenant aborder, ne nous éloigne qu'à demi des questions que nous venons de traiter trop longuement peut-être, mais le plus clairement qu'il nous a été possible, et en regrettant toutefois de n'avoir pu les traiter plus clairement encore.

Nous demanderons qu'on veuille bien ne pas perdre de vue les conclusions du précédent chapitre, et nous les compléterons au besoin, dans celui-ci.

Nous nous sommes efforcé, comme on a pu le voir, de mettre à la portée du plus grand nombre des lec-

teurs la théorie des assolements. Nous avons exposé,
nous croyons avoir démontré la nécessité de la *réfection* périodique du sol en vue de la production
continue. Nous avons dit qu'à défaut de cette réfection,
qu'à défaut de la reconstitution de la richesse des
terres, d'une restitution prompte et suffisante des
principes nutritifs exigés et consommés par chacune
des récoltes successives, la loi du repos, la loi de la
jachère, s'imposait bon gré malgré à la culture.

Nous avons énoncé qu'avec des engrais complexes,
grâce aux combinaisons qui rendraient à la terre, par
l'intermédiaire des fumiers de ferme chimiquement
additionnés, non-seulement tout l'azote, mais tous
les sels minéraux indispensables à l'alimentation des
plantes, c'est-à-dire tous les éléments de fertilité,
tous les éléments de nutrition qui se trouvaient dans
le sol avant une première récolte, et qui ne s'y trouvent plus après, par cette raison très-simple que la
récolte les a absorbés et que l'analyse les retrouverait
dans les plantes elles-mêmes, nous avons, dis-je,
énoncé que la production continue, affranchie, qui
plus est, de toute obligation d'alternance, se pouvait
très-bien comprendre.

Nous avons ajouté que ce qu'il fallait demander
désormais à la chimie agricole, c'était avec la parfaite notion du *nécessaire* de chaque plante, la révé-
lation précise des éléments divers et des combinaisons
spéciales qui pouvaient, *à des prix réellement accessi-
.bles*, fournir ce nécessaire à la culture, en fournissant
par les fumiers ce dont la plante a besoin et ce dont
manque telle ou telle terre.

Eh bien! tel est aussi le but considérable que poursuit avec zèle, et avec confiance, un savant distingué,

M. Georges Ville, dont les expériences préoccupent et intéressent tous ceux auxquels n'échappe pas l'importance capitale du problème que nous touchons ici.

M. Georges Ville, professeur de physique végétale au Muséum d'histoire naturelle, a d'abord pris pour thème de son enseignement oral la théorie qu'il devait vulgariser plus tard par une application directe et publique.

Bientôt, en effet, l'Empereur voulant donner au savant un champ de manœuvres propice à des essais concluants et facilement accessibles au contrôle, comme à l'examen de tous, faisait mettre à la disposition de M. Ville les terrains nécessaires, en prêtant aux tentatives du professeur une portion des cultures de la ferme impériale de Vincennes.

Plus tard, le *Moniteur* annonçait qu'il y avait chaque dimanche, sur la ferme impériale de Vincennes, des conférences agricoles du plus haut intérêt pour les cultivateurs, les propriétaires, et même les économistes.

M. Georges Ville, a continué depuis à chercher sur le terrain de la pratique la vérification, les preuves de la vérité de son enseignement au Muséum ; or, les résultats des expériences, résultats que le public a été admis à constater, ont successivement donné des confirmations importantes aux leçons du professeur.

Ainsi que l'indiquait encore le *Moniteur*, l'étude des cultures de M. Ville ne pouvait manquer de servir à élucider au double point de vue pratique et économique la grande question des engrais; les céréales, les légumineuses, les betteraves cultivées simultanément et toutes soumises à l'action, tantôt combinée, tantôt séparée des mêmes agents chimiques, manifestent également, par la différence des résultats, la portée évidente des recherches qui s'accomplissent, et font, disait le journal officiel, naître dans l'esprit la conviction qu'il y a là le germe d'une grande et féconde révolution.

M. Georges Ville, nous le répétons, cherche à découvrir et démontre dès à présent la loi de la restitution normale, en vertu de laquelle le sol réapprovisionné de tous les principes qui lui ont été soustraits par les récoltes précédentes, sans nul besoin de repos, sans nul besoin d'alternance, sera apte de nouveau à produire une récolte similaire ; et cela indéfiniment, pourvu que le cultivateur soit en pleine possession du secret de la restitution à faire, pourvu que cette restitution soit complète.

Or, pour que la démonstration devînt plus décisive encore, M. Ville a voulu demander tous les principes fertilisants aux seuls agents chimiques d'une valeur dûment contrôlée, éliminant de la sorte tous les engrais ordinaires, tels que fumiers de ferme déjections et débris d'animaux et autres.

Là, dit le *Moniteur*, là point d'assolement; la même culture est instituée sur le même terrain où elle doit indéfiniment se maintenir. Dans certaine partie, il n'y a pas eu de nouvelle addition d'engrais depuis 3 ans ; et la récolte du blé a été chaque année de 35 hectolitres à l'hectare. Il est très-curieux de visiter cette ferme où l'on ne voit ni bétail ni fumier. Les engrais sont proprement enfermés dans des tonneaux, et il n'y a en cela rien de surprenant, puisque les engrais sont des produits chimiques.

J'ai lu ou entendu dire qu'une telle culture sans

assolement, sans repos, sans jachère et en même temps sans fumier, était contradictoire à tous les enseignements donnés jusqu'à ce jour, contradictoire à toutes les idées reçues.

Cette opinion semblera peu fondée si on a bien voulu admettre ce que nous avons déjà dit précédemment.

Il suffit pour être édifié à cet égard de se rappeler sur quelle base nous avons établi les principes et la loi de l'assolement; il suffit de se rappeler, que selon nous, la pratique des assolements, même les plus judicieux, n'est qu'un *pis aller*, et qu'elle ne saurait être justifiée, *qu'en attendant mieux*.

Il suffit en un mot d'avoir bien compris que ce pis aller n'aurait visiblement plus de raison d'être, si l'art de rendre instantanément au sol ce qui lui a été enlevé, était parfaitement connu et généralement pratiqué.

III. Eh bien nous ne serions pas éloigné d'admettre, qu'en ce qui concerne le côté purement scientifique, M. G. Ville a déjà approché du but, et, que même au point de vue pratique, ses essais ont donné dès à présent des résultats importants.

Nous l'avons déjà dit, les hommes les plus compétents n'ont pas refusé à son système tout comme à ses démonstrations expérimentales, une sérieuse attention.

M. Barral, directeur du *Journal d'Agriculture pratique*, M. Barral, que son expérience et son contact de tous les jours avec les inventeurs de système, rendent à bon droit réservé, a commencé par étudier avec intérêt la théorie et les applications de M. Ville.

M. Barral s'est livré en cette circonstance à de minutieuses investigations. Or, il n'a pas contesté, que sur un labour à la bêche, l'épandage à la main de l'engrais scientifiquement composé, ait donné ce résultat merveilleux de 47 hectolitres à l'hectare; tandis, que sur le même terrain qui n'avait reçu que du phosphate de chaux, il n'a été récolté que 13 hectolitres; tandis enfin, que la culture sans aucun engrais, n'a rendu que 11 hectolitres.

Certes de pareils résultats sont remarquables, et on serait tenté de les accepter déjà comme concluant parfaitement en faveur du système.

Mais ne nous y trompons pas plus que M. Barral ne s'y est trompé lui-même; il y a entre ces expériences et la vraie pratique usuelle une distance immense; et dans l'application généralisée, mille conditions différentes viendraient compliquer, déranger peut-être absolument, un système, qui au premier aspect, paraît si sûr de lui-même.

On pourrait se demander d'abord et on s'est demandé si des faits qui se sont reproduits pendant trois ans, doivent, malgré leur conformité avec la théorie qui les avait annoncés d'avance, se reproduire indéfiniment et identiquement.

A cette question on aurait il est vrai à répondre, que si le résultat ne reste pas constamment le même, ce ne sera point le principe général qui aura eu tort; mais bien quelques détails dans l'application.

Si la terre devait finir par se trouver insuffisamment pourvue de l'un ou de plusieurs des éléments utiles à la prospérité de la végétation, c'est que la restitution n'aurait pas été de touts points complète; et il s'agirait de chercher encore, de perfectionner le système, de déterminer, tant par l'analyse des plantes récoltées que par celle de la terre qui a dû subvenir à leur alimentation, ce qui peut manquer à cette terre, afin de savoir suppléer ensuite à ce défaut scientifiquement déterminé.

En théorie cela peut être vrai ; mais une seconde objection me paraît autrement grave. Il paraît démontré que d'après la composition de l'engrais scientifique, une valeur de 5 à 600 francs serait nécessaire à la fertilisation d'un hectare.

Il faut également constater que la main-d'œuvre, dans les cultures dirigées par M. Ville, est exceptionnellement minutieuse, partant, exceptionnellement dispendieuse.

Or, les méfiances de tout praticien positif se réveilleront ici avec une susceptibilité très-naturelle.

Si, les frais d'achat, de composition et de manipulation de l'engrais, surchargés des frais d'une main-d'œuvre onéreuse, allaient porter le prix de revient des quarante-sept hectolitres de blé, à un chiffre excédant la valeur vénale de ce magnifique produit, quel malheur et quelle déception pour nous !

Eh bien, je crains très-fort qu'il n'en soit ainsi jusqu'à présent ; je le crains et j'en suis presque sûr.

On dira certainement que la chimie est puissante, qu'elle a l'avenir pour elle ; que ses ressources et sa fécondité vont croissant tous les jours. On dira qu'elle peut multiplier ses produits de toute nature, multiplier ses *agents* divers, au gré et en proportion des besoins nouveaux ; et qu'elle trouvera dès lors, quand il le faudra, le moyen d'obtenir au prix de 300 francs cette fertilisation de l'hectare, laquelle serait aujourd'hui cotée à 600 francs.

Je veux bien admettre cela. Mais je l'admets à titre de supposition très-gratuite.

En effet, la demande se généralisant avec l'emploi des produits chimiques, lorsqu'au lieu d'alimenter l'unique hectare de M. Ville, il faudra pourvoir à l'alimentation de la même surface multipliée plusieurs millions de fois, qui m'assure, qu'au lieu de diminuer, ce chiffre de 600 francs par hectare ne doive pas, au contraire, doubler, tripler, faire plus encore?

Notre chiffre ne doublera ni ne triplera sans doute, par l'excellente raison que les agronomes assez fanatiques de toute nouveauté pour acheter au prix de 600 francs une récolte pouvant n'en valoir que 599, resteront, et il faut s'en féliciter, à l'état d'élite peu nombreuse. Mais dès lors le système n'est-il pas vulnérable? Ne laisse-t-il pas quelque chose à remettre en question?...

Au demeurant, quelle est la portée de l'objection que je soulève?

En formulant quelques réserves, quelques conseils de prudence, veux-je dire que les recherches ou seulement les résultats acquis déjà par M. Ville soient dépourvus d'une valeur réelle? Non certainement.

Je continue tout simplement à prémunir au nom du bon sens, à prémunir les esprits crédules contre les engouements exagérés et les espérances décevantes.

Je n'en crois pas moins que, grâce à la science moderne, grâce à la chimie, dont je salue, moi aussi, les merveilleux progrès, et grâce aux études de M. Ville lui-même, on arrivera à cette notion suffisante et essentiellement pratique des additions chimiques qu'il convient de faire aux fumiers pour les porter à leur maximum de puissance, pour approcher autant qu'il est possible de ce *desideratum* de la restitution absolue, que j'ai montré, ne fût-ce que de loin, comme l'idéal à poursuivre.

A ce point de vue, au point de vue de conciliation
et de sage transaction où je me place, le fumier conservera certainement toute son importance. Il restera
la base de fertilisation; et, en dehors des systèmes
exclusifs, la science elle-même continuera à lui reconnaître une valeur incomparablement supérieure
encore à celle de tout ce qu'on peut appeler les moyens
accessoires.

Mais il n'en demeurera pas moins acquis qu'une
fumure plus scientifique, qu'une fumure ayant reçu
directement de la main de l'homme, et à dose précise,
le complément précieux des agents de fertilité qui,
pour tout ou pour partie, lui manquent encore,
pourra très-bien assurer, moyennant un déboursé relativement secondaire, un notable accroissement dans
le rendement des récoltes, une liberté beaucoup plus
large dans la succession des cultures.

XII

LES FOURRAGES. — PRAIRIES PERMANENTES. CRÉATION DE PRAIRIES. — IRRIGATION.

I. Nous avons jusqu'à présent préconisé avec ardeur les épierrements, les défoncements, les labours
profonds, les assainissements, les fumures rationnelles, copieuses, énergiques, fréquentes. Nous avons
cherché à démontrer que ce sont là, pour tous pays,
les préliminaires indispensables de toute culture fruc-

tueuse; et on a dû comprendre que ces enseignements s'appliquaient surtout aux régions arriérées en trop grand nombre encore, où la suppression de la jachère et l'introduction des cultures fourragères dans la sole de repos, constitueraient le premier, le plus important progrès, quelquefois le seul progrès facile et prochain.

Multiplier les fourrages, augmenter pour le bétail la quantité des nourritures produites, voilà le but immédiat auquel il a fallu tendre; voilà le grand moyen d'arriver par une agriculture graduellement améliorante, par une culture de petites ressources, jusqu'à la culture intensive.

Et comme on ne répétera jamais trop certaines vérités dont le monde rural ne sera jamais assez pénétré, je redis encore ce que le cultivateur doit avoir présent sans cesse :

Beaucoup plus de fourrages conduit à beaucoup plus de bétail.

Beaucoup plus de bétail conduit à beaucoup plus de fumier.

Cette nouvelle augmentation dans les fumiers mène tout droit à un nouvel accroissement de nourriture produite. Et ce surcroît de produit provoque à son tour un progrès nouveau dans la tenue du bétail; donc encore plus de fumier, etc., etc. Et ainsi de suite, par une gradation presque indéfinie, jusqu'à ce qu'une culture naguère impuissante, atteigne à ces rendements des pays avancés, que tout le monde envie et qui semblent quelquefois fabuleux.

Voilà de la logique élémentaire, ou il n'en est pas. C'est aussi simple que clair et aussi clair que facile pour tous; il n'est ici besoin ni d'un grand effort intellectuel pour comprendre, ni d'énormes déboursés pour se mettre à l'œuvre.

Mais si c'est logique, simple, clair, facile à comprendre et facile à exécuter, pourquoi donc, dans tous les pays où l'agriculture semble frappée d'inertie, n'en vient-on pas tout de suite à cette transformation si rationnelle qui demande bien peu d'avances et bien peu de hardiesse, et dont les résultats ne sauraient être douteux ?

Quoi qu'il en soit, si j'ai fait saisir, comme je le voudrais, toute l'importance qu'il faut attribuer à la première introduction des cultures fourragères dans un assolement primitif où l'on faisait alterner jusque-là, avec une désespérante uniformité, céréales et jachère; si on admet que cette introduction doive être le point de départ de tout le système, et, pour ainsi dire le germe de tout succès, on comprendra que je veuille recommander à bien plus forte raison, comme le moyen le plus simple encore et le plus économique de multiplier les fourrages, la création, partout où elle est possible, la création, l'extension et la bonification des PRAIRIES PERMANENTES.

La prairie permanente, en effet, c'est le repos, c'est le répit du cultivateur; c'est le terrain sur lequel, à la condition d'y exécuter à ses moments perdus les réparations, les améliorations nécessaires, il est permis au cultivateur de se relâcher un peu de la continuité du travail.

La prairie en bon état, convenablement entretenue, irriguée avec soin, est toujours en production, qu'on s'occupe d'elle à toute heure ou non. L'herbe des prés, c'est le don presque gratuit de la nature; là, le prix de revient de la récolte est toujours à bon marché.

Et tandis que, pour le blé par exemple, il peut se faire, quand vient la moisson, que le cultivateur ait déjà payé en travaux et dépenses de toute nature plus que la valeur du produit récolté, il est d'heureuses prairies, au contraire, où l'on a pu se borner, en irriguant quelquefois, à regarder sans fatigue, le terrain verdir et l'herbe pousser.

D'autre part, le rendement de la prairie naturelle est, parmi toutes les productions agricoles, la moins exposée à un échec absolu.

Il est pour ainsi dire impossible, il est inoui, même après les contre-temps les plus fâcheux, qu'une prairie naturelle de bonne qualité reste jamais réellement improductive.

La prairie, par conséquent, c'est la ressource de fonds, c'est l'*en-cas* sérieux de la nourriture du bétail. Aussi toute ferme qui n'a pas une proportion convenable de prairie naturelle, fût-elle dans les conditions les plus favorables à la production de tous les autres fourrages, peut-elle être regardée comme d'une gestion bien difficile. Le succès y restera toujours chanceux, et ne sera certainement pas à la portée de tout exploitant ordinaire.

II. Il faut donc avoir de la prairie naturelle toutes les fois et autant que cela n'est pas absolument impossible. Il faut s'efforcer de la créer là où elle manque, en utilisant avec un art intelligent et minutieux tous les secours, tous les moyens fournis par la nature et les circonstances locales.

Nous montrerons du reste bientôt que ces moyens de création peuvent se rencontrer souvent, la même où on ne les soupçonne pas.

Mais un mot auparavant, sur ce qu'on nomme *les prairies* en général.

Il faut comprendre sous cette appellation, des productions fourragères de nature très-diverse.

Il y a, en effet :

Les *prairies naturelles et permanentes*, c'est-à-dire les prairies créées par la nature et destinées à durer toujours ;

Et les *prairies artificielles pérennes*, c'est-à-dire les prairies créées par la main de l'homme et qu'on peut dès lors nommer *artificielles*; mais qui doivent comme la prairie naturelle, durer indéfiniment.

Ces deux premières catégories sont comme on le voit, et par destination définitive, en dehors de tout assolement.

Il y a ensuite :

Les *prairies artificielles d'une durée variable*, qui devant exister pendant plusieurs années, sont, elles aussi, mais pour un temps seulement, soustraites à la loi régulière des assolements limités. Celles-là encore sont de deux sortes, et il faut distinguer ;

Les *prairies créées de semis*, avec des plantes des prés ou graminées ;

Et les *prairies à légumineuses de longue durée*, c'est-à-dire la luzerne, l'esparcette, le trèfle blanc.

Enfin nous nous bornerons à mentionner ici, les autres légumineuses qui avec celles que nous venons de nommer, constituent les prairies artificielles proprement dites, cultivées dans les champs, en terres de labour, en terres à céréales si l'on veut, et occupant périodiquement leur place dans une rotation d'assolement régulier.

Cette dernière nature de production fourragère a une telle importance, elle est à ce point l'élément principal, le moyen capital de la transformation à poursuivre, que nous aurons bientôt à y revenir pour l'étudier en détail.

L'introduction de la prairie artificielle dans l'assolement, implique en effet ou suppose, comme nous l'avons déjà dit plus d'une fois, la suppression de la jachère : c'est donc ainsi le premier *desideratum*, c'est le progrès particulièrement *désirable*, le grand, le premier progrès à réaliser, aux termes du plus modeste programme d'agriculture progressive. On comprend dès lors que nous voulions faire à cet important sujet une place à part.

III. Pour le moment, nous avons à dire quelques mots de plus relativement aux prairies naturelles, à leur création, à leur amélioration.

La création opportune et l'amélioration fructueuse des prés, sont subordonnées l'une et l'autre à deux conditions essentielles : irrigation et fumures. (Je ne parle pas de l'assainissement dont il a été traité précédemment.)

Et d'abord, sans irrigation suffisante, il sera bien rarement profitable d'essayer la création d'une prairie nouvelle. Mais avec une répartition bien entendue des eaux, il faudra, pour constituer une irrigation suffisante, bien moins d'eau qu'on ne le suppose d'ordinaire.

Les graminées, pour se maintenir dans une végétation active et rapide, n'ont pas, comme on pourrait le croire en voyant submerger presque sans interruption certaines prairies, n'ont pas besoin d'être baignées constamment ; au contraire. Une nappe d'eau continue, s'épanchant jour et nuit sur le sol, intercepte quelquefois d'une façon fâcheuse l'action de la chaleur et l'aération intérieure.

Il faut donc de l'eau aux prairies; il n'est pas nécessaire d'en avoir en surabondance. Et si on dispose de quantités considérables, il vaut mieux irriguer modérément deux hectares que d'en irriguer en excès un seul.

L'irrigation n'a pas seulement pour effet de donner aux plantes la fraîcheur et l'humidité indispensables à leur végétation régulière et rapide ; par le limonage, par les matières terreuses qu'elle dépose presque toujours sur le sol, elle peut jouer aussi le rôle d'un véritable amendement.

L'action que l'arrosement exerce de cette manière pourra, il est vrai, être de nature très-diverse, très-variablement utile, et quelquefois même nuisible.

Voyons d'abord dans quels cas cette action pourra offrir les avantages les plus précieux :

Si, par exemple, certaines eaux de source contiennent et administrent très à-propos à une prairie tourbeuse ou reposant sur un sol volcanique, des sédiments argileux ou calcaires qui donneront aux plantes des principes dont elles se trouvaient trop dépourvues jusques-là ;

Si les eaux qui arrivent aux prés en s'écoulant des versants supérieurs cultivés, charrient des débris ou parcelles de matières organiques, des *détritus* de toute sorte, dont elles se sont chargées en traversant les cultures, et si elles portent ainsi une véritable fumure liquide, on sent bien quelle amélioration exceptionnelle en devra résulter.

Dans quelles conditions, au contraire, l'action dont nous parlons, l'action des arrosements pourra-t-elle avoir des inconvénients ?

Les eaux qui s'écoulent directement de certains

versants boisés, celles que la décomposition des feuilles a saturées de principes acides, nuisibles à la végétation, celles qui parcourant des terrains ferrugineux sont elles-mêmes devenues ferrugineuses en excès, ne doivent être employés en grand à l'irrigation qu'avec précaution, ménagement et prudence, c'est-à-dire après des essais en petit.

Ces eaux, en effet, feront parfois plus de mal que de bien, n'activeront que peu ou point la production fourragère, et nuiront surtout grandement à la qualité.

Il y a donc lieu d'étudier avec soin, sous les rapports que nous venons d'indiquer, la question des arrosements ; et toutefois, aux conditions que nous marquerons plus tard, il est permis de dire en principe, que presque toutes les eaux d'un domaine peuvent et doivent être utilisées pour l'irrigation.

Mais, là même où, dans l'état primitif des choses, l'eau manque ou paraît manquer, faut-il renoncer à se donner l'indispensable secours d'une certaine quantité de prairie plus ou moins arrosée ?

Si on n'est pas destiné à avoir, en ce point, tout à fait assez, il faut se contenter d'avoir moins que rien, d'avoir quelque chose. Si on n'obtient pas tout ce qu'on voudrait, il faut obtenir tout au moins tout ce qu'on peut.

Une demi-irrigation vaut bien mieux que point d'irrigation. D'ailleurs, le plus maigre filet d'eau bien conduit, bien gouverné, bien réparti, peut souvent, comme je l'ai déjà dit, produire autant d'effet qu'un riche courant mal distribué.

IV. Mais comment faire pour avoir au moins ce maigre filet d'eau ?

· Et d'abord, le débit du plus modeste drainage fournira (nous dirons bientôt comment), fournira quelquefois à bien peu de frais, une ressource moins à dédaigner qu'on ne pourrait le croire.

De plus, on peut dire, en général, que les pays et les domaines où les eaux de pluie sont mises à profit comme elles devraient l'être, sont en France la rare et très-rare exception.

Ici j'ai besoin d'appuyer avec insistance sur ce que je vais dire. Et il faut insister d'autant plus que cela paraîtra secondaire quand cela aura été dit ; que je n'apprendrai rien de nouveau à personne ; que tout le monde en sait autant que moi ; que ce qu'il y a à faire est d'une simplicité toute primitive ; que si on ne fait pas ce qu'il y aurait à faire, c'est seulement parce qu'on n'y pense pas, qu'on ne daigne pas y penser, qu'on ne daigne pas ouvrir les yeux sur les exemples qui existent, et qui, en quelques localités abondent.

Les eaux de pluie, les filets d'eau qui courent d'une façon intermittente et quelquefois continue sur des versants plus ou moins pentueux, vivifient plus ou moins mal une grande partie des prairies ou pâturages de la France, tout ce qu'on appelle les prés secs et les pâtures sèches. Mais quel secours l'industrie de l'homme donne-t-elle le plus généralement à cette action des eaux naturelles?

Les eaux de pluie, le débit des drainages, le débit des petits cours d'eau arrivent aux herbages, précisément pendant, et immédiatement après la pluie, c'est-à-dire au moment même où les gazons n'ont pas soif et n'en ont que faire. Ressource perdue, richesse inutile, richesse gaspillée, nuisible même par l'excès en bien des cas.

Que faut-il donc alors ? — C'est, je le répète, c'est vraiment si simple qu'on est presque confus d'avoir à le dire. Il faut, sur les versants, sur les pentes, dans les gorges surtout et les ravins même les plus exigus qui dominent les terrains à gazonner, il faut créer, sans de grandes dépenses dans la plupart des cas, — créer des RÉSERVOIRS OU BASSINS DE RETENUE, et former des petits BARRAGES.

Avec les RÉSERVOIRS et les BARRAGES on s'approvisionnera bien facilement, en temps de pluie, de la quantité nécessaire pour trois, quatre, pour huit et dix arrosements à répartir dans la période de sécheresse qui suivra les pluies ; et sait-on bien ce que deux ou trois irrigations de plus données opportunément à une récolte fourragère, ajouteront au produit ? — Quelquefois un tiers, quelquefois moitié en sus. Quelquefois on doublera, et quelquefois on fera mieux encore.

On cherche bien souvent à grands frais des sources qu'on ne trouve pas toujours. On a certes raison de chercher, même en risquant parfois de ne rien trouver ; mais lorsqu'il ne s'agit que de satisfaire aux nécessités de l'arrosement des prairies, combien on ferait mieux peut-être de se borner à emmagasiner dans le plus modeste réservoir le nécessaire de trois ou quatre irrigations ! Combien du moins il serait sage de commencer par là !

Ce genre de créations si accessibles à tout le monde, et qui peut rendre faciles des irrigations rationnelles, équitablement réparties en proportion des surfaces à arroser, fait, on le sait, la richesse des Vosges et de quelques autres pays.

En combien d'autres régions n'y a-t-il pas de même

d'utiles conseils à prendre, de bons exemples à imiter !

Pour ma part, en parcourant certaines parties des Cévennes, j'ai remarqué plusieurs fois, non sans admiration, des créations de prairies on ne peut plus intéressantes et dignes certainement d'être étudiées au point de vue qui nous occupe en ce moment.

Entre la Haute-Loire et l'Ardèche, dans le parcours de Saint-Bonnet-le-Froid à Annonay, le versant escarpé qui domine la route, à droite en descendant, est couvert de bois de pins, et, dans les bas-fonds, de châtaigniers, qui protègent seuls ces pentes rapides contre l'érosion des eaux ou la formation des torrents. Ces eaux recueillies par les fossés de la route, la traversent sous de nombreux aqueducs ou ponceaux, et passent ainsi sur le versant gauche, également pentueux, mais où l'absence de bois livrerait les terres à une dévastation immédiate, si l'industrie du montagnard n'intervenait avec un merveilleux à propos.

Ces eaux, au lieu de s'épancher à leur gré en ravinant les terres, sont emmagasinées sous chaque petit courant, quelqu'en soit le débit, par des bassins de retenue que chaque pluie réapprovisionne de nouveau. Au moment opportun, quand l'irrigation devient particulièrement désirable, le cultivateur ouvre la bonde; ou encore différents systèmes de siphons plus ou moins primitifs font vider les bassins dès qu'ils sont remplis, par ce seul fait que l'eau commence à déborder. Cette irrigation, parfaitement conduite, transforme en prés fertiles des pentes qui, primitivement, semblaient n'être destinées à fournir qu'un mauvais parcours inculte et déchiré par les petits torrents ou effondré sous le piétinement des troupeaux. On est émerveillé de voir, dans la saison des foins, des faucheurs intrépides conquérir sur le roc et sur des pentes à pic, une belle récolte de foin, dont chaque réservoir a doté, presque gratuitement, les surfaces inférieures qui l'avoisinent.

Combien de localités analogues, dans les pays de montagne, où l'art de l'irrigation intelligente créerait à bien peu de frais, et comme à volonté, des valeurs considérables, et les premiers éléments de tout autre progrès par l'accroissement de la production fourragère !

V. Je n'ai pas maintenant à entrer ici dans les détails de construction des réservoirs, ni à parler des divers systèmes d'écoulement. Les vannes, les bondes, les siphons à écoulements mécaniques, ou automatiques intermittents, devront être adoptés de préférence, suivant qu'ils répondent mieux aux besoins locaux.

Mais l'eau une fois disponible, il convient au moins d'indiquer sommairement comment elle doit être utilisée.

La grande rigole horizontale à niveau parfait sera placée en contrebas des réservoirs, et dominera la prairie tout entière ; elle permettra ainsi de faire baver régulièrement partout l'eau nécessaire. D'autres rigoles parallèles plus ou moins distantes l'une de l'autre, suivant les besoins de reprise d'eau, rétabliront d'espace en espace le niveau et la répartition transversale, de manière à baigner la surface entière aussi uniformément que possible.

Sur les prairies planes, des rigoles perpendiculaires à la maîtresse rigole formeront un épi de distribution régulier ; soit avec reprise d'eau de distances en distance dans de nouvelles rigoles transversales si elles sont nécessaires, soit sans reprise d'eau si la superficie est assez uniforme pour que les rigoles perpendiculaires distribuent également leur eau d'une extrémité à l'autre.

Les réservoirs ou barrages qui sont la source unique de cette précieuse répartition, ou qui tout au moins ajoutent le plus utile appoint aux eaux fournies par un courant permanent, peuvent, comme je l'ai dit, être construits dans bien des cas avec une dépense très peu importante.

On se préoccupe, en effet, beaucoup, en abordant des constructions de ce genre, de la difficulté d'obtenir une maçonnerie absolument étanche c'est-à-dire ne laissant rien perdre par infiltration de l'eau emmagasinée. Mais il n'en est pas ici comme d'une pièce d'eau de jardin qu'on veut et qu'on doit voir toujours pleine.

Réservoirs et barrages sont faits pour être vidés ; et si une proportion quelconque d'eau fuit lentement, elle n'est pas perdue ; elle arrive à sa destination, et continue, durant les jours qui suivront la pluie, la mouillure bienfaisante que la pluie a d'abord donnée aux herbages.

VII. Le système de réservoirs que je recommande de multiplier ainsi suivant les besoins et en raison de la conformation des lieux, a d'autres avantages encore.

Il permet aux eaux de se maintenir à une température plus élevée et par conséquent plus propice. Il permet à la chaleur et aux autres influences atmosphériques, tout comme aux manipulations et aux additions que le travail de l'homme peut y faire, de changer la nature de ces eaux acides ferrugineuses ou trop froides ou trop crues dont nous avons engagé à n'user qu'avec précaution ;

Il se prête, enfin, à la pratique d'un mode de fumure qu'il est bon de signaler ici.

L'engrais mis en dépôt dans les réservoirs, et remué avec des perches lorsqu'on voudra donner cours à l'eau, chargera celle-ci de principes fertilisants, et portera par elle aux plantes, la nourriture le plus immédiatement assimilable, le plus promptement profitable.

L'eau, saturée d'engrais, rendra presque à volonté, presque à heure fixe et comme du jour au lendemain, la vigueur et l'énergie à la végétation qui serait en souffrance.

Et de même, tous les amendements, tous les sels qui peuvent comme nous le verrons, accroître sensiblement la production fourragère, en maintenant l'équilibre dans l'alimentation de la plante, seront administrés opportunément et très-également par ce facile procédé.

Ainsi la suie, les cendres, les plâtras, les chaux, la marne même qu'on versera dans les eaux, arriveront à souhait à leur destination.

Ceci nous amènerait naturellement à traiter dès à présent la question de l'amélioration des prairies par la seconde opération que nous indiquions en commençant, c'est-à-dire par les *fumures*.

On ne sait point en effet assez, combien l'engrais administré aux prairies est avantageusement placé; il est placé, on peut le dire, à énorme intérêt, puisqu'en doublant le fourrage, il fait bien plus que doubler la masse des engrais à créer.

On comprend toutefois qu'en employant le fumier d'étable, il importe qu'il ne soit ni trop solide, ni trop pailleux, puisque dans ces deux cas la répartition s'en fait mal. La mauvaise répartition, les gros grumaux ont le double inconvénient de ne pas alimenter également toutes les plantes sur une surface donnée, et de porter, même, préjudice à un certain nombre d'entre elles. Une motte de fumier trop épaisse sur une touffe de plante, fera pourrir souvent une partie du gazon qui restera ainsi troué et plus ou moins improductif, au moins pour la première année.

En dehors de ces observations, dont il y a lieu de tenir compte ; en dehors des soins qu'il faut prendre, d'adapter conformément à des principes déjà exposés ailleurs, d'adapter, chaque nature d'engrais à chaque nature de plante il faut répéter que toute fumure quelle qu'elle soit profitera à toute sorte de prairies.

Quant aux amendements, aux engrais pulvérulents, aux engrais commerciaux, ce que nous dirons au sujet des prairies artificielles et de la spécialisation des engrais suivant les besoins des plantes, peut s'appliquer également, bien qu'avec moins de rigueur, aux prairies naturelles.

Comme les trèfles, comme les luzernes, etc., les prairies naturelles à base de légumineuses surtout, bénéficieront particulièrement des amendements ou engrais plus ou moins calcaires et des matières pulvérulentes alcalines.

Concluons donc dès à présent par ce principe qui ne sera pas discuté :

Tous les engrais, tous les fumiers, toutes les fumures seront grandement profitables aux prairies, et ne sauraient être mieux placés ailleurs.

XIII

LES FOURRAGES ARTIFICIELS. — LES FOURRAGES SUPPLÉ-
MENTAIRES (RÉCOLTES DÉROBÉES). — LES FOURRAGES
RACINES (RÉCOLTES SARCLÉES).

I. En préconisant avec ardeur, ainsi que nous l'avons
fait précédemment, les défoncements, les labours
profonds, les épierrements, les fumures rationnelles,
copieuses, énergiques, fréquentes; en montrant que
c'étaient là, pour tous pays, les préliminaires indispensables de toute culture fructueuse, nous avions
particulièrement en vue, disions-nous tout à l'heure,
les régions arriérées, en trop grand nombre encore,
où la suppression de la jachère et la substitution d'une
culture fourragère à la sole de repos, constitueront le
premier, le plus important progrès, quelquefois le seul
progrès facile et prochain.

Donc, sur le sol bien défoncé, abondamment fumé,
convenablement épierré, rien ne s'oppose désormais
à ce que, avec le légitime espoir de les voir prospérer,
on introduise en grand, et l'on puisse faucher ras le
trèfle, le sainfoin, la luzerne.

Rien n'empêche, surtout, d'ensemencer dans de
larges proportions, pour pâturages annuels ou bisan-
nuels, ces autres fourrages bien moins rendants sans
nul doute, mais aussi d'une exigence bien moindre :
le trèfle jaune, le trèfle blanc, la pimprenelle, etc.

C'est dans cette voie, nous ne saurons trop le redire, et non dans les tentatives plus dispendieuses,

non dans les grands essais scientifiques plus ou moins
hasardeux, plus ou moins-douteux, qu'il faut chercher dès le début, de modestes succès, et s'assurer les
moyens d'une tranformation progressive dont le secret peut se résumer en deux mots : FOURRAGES et FU-
MURES, accroissement des fumures par la multiplication des fourrages.

Les racines fourragères, ces produits d'une culture
déjà riche d'avances et de forces accumulées, ne viendront que plus tard.

La betterave, la carotte, le panais, le rutabaga, le
navet, et aussi les diverses espèces de chou, etc., toute
cette alimentation substantielle et si enviable, dont
les étables opulentes sont abondamment et si heureusement pourvues; tout cela est trop beau pour une
agriculture qui commence. Tout cela consomme beaucoup, avant de rendre plus encore. Tout cela exige
impérieusement des masses d'engrais qu'une ferme
attardée n'a jamais pu produire.'

Pour faire beaucoup de fumier, il faut avoir déjà pu
fournir d'énormes quantités d'aliments à la consommation d'un nombreux bétail. Et pour avoir parfaitement nourri beaucoup de bestiaux, il faudrait avoir
eu préalablement beaucoup de fumier.

C'est là le cercle vicieux.

Peut-on en sortir à volonté? Comment en sortir
d'un seul coup?

Pour mon compte, je ne saurais trop le dire; car
tout en rendant justice à la valeur de certains engrais
commerciaux, en les considérant comme un très-utile
appoint dans toutes les circonstances, je ne suis pourtant pas de ceux qui conseilleront à un débutant de se
lancer d'emblée, rien qu'à l'aide des engrais achetés,
dans ce qu'on appelle la culture intensive, c'est-à-dire

la culture qui vise aux plus grands rendements sur des surfaces portées à leur *maximum* de produit.

Dût-on, d'ailleurs, se croire fondé à donner un conseil si peu prudent, combien sont en petit nombre ceux qui pourraient le suivre! Trop de gens ne sont pas en mesure d'acheter pour 20, pour 30,000 francs de guano, comme le font chaque année de grands cultivateurs des environs de Paris.

Il y aura donc tout avantage, au début, à restreindre sagement les premiers efforts, dans la multiplication progressive des fourrages artificiels herbeux. Il n'y a, en effet, que les légumineuses (les diverses variétés de trèfles particulièrement), dont on puisse stimuler la végétation, et, dans la plupart des cas, assurer la vigueur, grâce à la plus facile dépense, à la dépense de deux ou trois hectolitres de plâtre.

Quoi qu'il en soit, si j'ai fait saisir, comme je le voudrais, toute l'importance qu'il faut attribuer à la première introduction des cultures fourragères dans un assolement primitif où l'on faisait alterner jusque-là, avec une désespérante uniformité, céréale et jachère; si on admet avec moi que cette introduction doive être le point de départ de tout un système, et, pour ainsi dire, le germe de tout progrès ultérieur, on ne s'étonnera pas de mes redites et de mon insistance.

On ne s'étonnera pas de me voir décrire ici et recommander instamment certaines précautions secondaires en apparence, grâce auxquelles je crois possible d'assurer à peu près partout la réussite d'un fourrage légumineux destiné à réaliser pour la première fois, dans une culture trop longtemps frappée d'impuissance, cette bienaisante innovation : l'abondance des fumiers.

Je dis que je crois possible d'assurer à peu près partout la réussite d'un fourrage artificiel; eh bien ! je ne devrais pas craindre d'être encore plus affirmatif.

Il n'est pas de sol, quelle que soit sa nature, pourvu bien entendu qu'il ait la profondeur suffisante, il n'est pas de sol, même ingrat, où je ne voulusse me charger de faire prospérer un fourrage modeste, à la condition de traiter convenablement ce sol.

Ici, il est vrai, surgirait la question du coût, la question de la dépense, c'est-à-dire du prix de revient; or, je conçois parfaitement qu'en pareille matière on se garde bien, et pour cause, d'exécuter tout ce qui serait possible. Mais un essai dans les proportions les plus restreintes est toujours bon à faire. Il en coûte peu d'essayer sur des surfaces d'un à trois ou quatre ares. On ne sait, en effet, ce qu'une terre peut rendre, on ne sait si une culture pourra donner en fourrages, un produit rémunérateur, qu'après avoir essayé. Qu'on essaye timidement, sur une surface très-limitée, je le veux bien, mais au moins qu'on essaye.

Cela dit, j'en viens au détail.

II. Les cultures fourragères les plus usuelles, les plus recommandées et les plus recommandables en France, sont, dans l'ordre de leur valeur productive et aussi de leurs exigences, en ce qui concerne la fertilité des terres :

La luzerne ;

L'esparcette ou sainfoin (le chapre en Auvergne);

Le trèfle ordinaire ou trèfle violet ;

Le trèfle incarnat ou farouche ;

Le trèfle blanc, trèfle rampant, trèfle de Hollande ;

Le trèfle jaune, minette, lupuline, etc.

Ici, je renouvelle ma profession de foi. Personne

plus que moi ne se méfie, en agriculture, de tout ce qui peut paraître suspect d'utopie, c'est-à-dire d'illusions vaines ou fausses espérances.

L'utopie est l'un des plus redoutables ennemis du progrès, qu'elle compromet, qu'elle déconsidère, en détournant de lui les esprits les plus droits et les plus utiles volontés.

Une seule déception complète, sur le terrain des nouveautés agricoles, anéantit quelquefois pour bien longtemps toutes les bonnes intentions capables sans cela d'inspirer, d'un jour à l'autre, dans tout un pays, de très-fructueuses tentatives. Je me garde donc avec soin de toutes les idées, de toutes les doctrines qui pourraient être démenties par les faits, et provoquer des espérances impuissantes à devenir des réalités.

Je ne veux rien donner au hasard; je ne veux rien affirmer qui ne soit pour moi très-certain; et je répète cependant que, des divers fourrages légumineux, il en est plusieurs peut-être, un ou deux tout au moins, qu'on peut, à des conditions plus ou moins coûteuses, faire réussir sur quelque sol que ce soit.

Je vais indiquer maintenant les principales de ces conditions, et les convenances spéciales de chacun des divers fourrages qui ont été énumérés plus haut. Ceux qui veulent bien lire ces lignes, ceux surtout qui auraient tant d'intérêt à introduire les légumineuses dans des cultures où elles n'ont pas encore leur place, seront ensuite à même de voir si les dépenses nécessaires pour assurer le succès de chaque fourrage ne pourraient pas être amplement compensées par les résultats. Et j'en reviens encore à recommander des expérimentations partielles, qui, si limitées qu'on veuille les faire, seront, en définitive, seules décisives et complétement-concluantes.

III. La LUZERNE est manifestement le premier des fourrages, celui qui peut fournir les plus riches produits, celui dont la durée peut se prolonger le plus longtemps.

On voit des luzernes exceptionnellement placées, en terrains d'alluvion, frais, substantiels et profonds, durer de quinze à vingt ans, et donner cinq, six et sept coupes par an. Avec de la chaleur et une irrigation périodique, il n'y a peut-être pas d'exagération à dire qu'on peut voir, à l'œil nu, la luzerne pousser.

Mais c'est aussi de tous les fourrages celui qui, pour atteindre toute sa valeur, exige le sol le plus fertile et le plus profond.

A la condition que le sol soit fertile et profond, et qu'il ne soit ni trop froid ni trop humide, la luzerne s'accommode à peu près également de toutes les variétés de bonnes terres.

Comme toutes les légumineuses, il est vrai, et plus encore peut-être que toutes les autres, elle veut trouver dans le champ qu'on lui destine une proportion assez forte d'élément calcaire. Nous dirons plus tard ce qu'il y a à faire à cet égard; car, du plus au moins, les mêmes recommandations pourront aussi s'appliquer aux autres fourrages dont la mention va suivre.

En raison de sa longue durée, la luzerne ne doit pas être regardée comme une des productions périodiques d'un assolement régulier; elle sera l'exception privilégiée dans une culture qui veut aller au progrès. Le cultivateur bien inspiré, qui commencera à l'introduire sur son domaine, lui donnera tout d'abord place à part, une place de choix dans ses terres les plus fécondes, et aussi les mieux préparées. Conquérir ensuite peu à peu, dans les surfaces successivement améliorées, un hectare de luzerne de plus, ce doit être là une des ambitions persistantes de celui qui s'est fait un programme rationnel d'améliorations graduelles, en vue d'atteindre à un modeste idéal de perfection relative.

Le jour où, dans une région arriérée, le cultivateur patient et résolu dont nous parlons aura amené, ne fût-ce que la moitié de ses terres arables au point de préparation où elles seront susceptibles de porter de belles luzernières, il aura donné autour de lui le meilleur des exemples ; et il pourra, en outre, se dire que le plus difficile dans sa tâche d'agriculteur progressiste, est déjà fait.

La moitié de son domaine est en bon état ; il peut assoler cette moitié par tiers, en consacrant successivement chacun de ces tiers à une luzerne qui durera dix ans. Un sixième de sa culture est de la sorte affecté à la production du plus abondant et du meilleur des fourrages.

Sur la sole de luzerne à défricher de dix ans en dix ans, il introduit une rotation spéciale, dans laquelle les racines fourragères et même quelques cultures industrielles, colza, pavot, chanvre ou lin, peuvent alterner avec les céréales. La moitié du domaine suffit donc à elle seule à constituer un sixième du domaine tout entier en luzerne et un douzième en racines alimentaires. Que l'autre moitié produise quelques trèfles fauchables, quelques autres légumineuses inférieures : vesces, jarousses, minettes à pâturer, et le problème que nous avons posé est dès lors résolu ! L'abondance des fumiers par la multiplication des fourrages, et l'accroissement graduel des fourrages par l'accroissement progressif des fumiers, tout le programme, en un mot, se trouve pleinement réalisé.

IV. Revenons à des transformations moins brillantes. Tout pays, je l'ai dit et je me hâte de le redire, toute terre n'est pas assez fertile, pour que, même avec les meilleures préparations, les meilleurs amendements, les fumures les plus énergiques, les agents de fertilité, les agents chimiques les plus actifs et le plus scientifiquement administrés, on puisse lui demander de riches luzernes et, après ces riches luzernes d'énormes betteraves ou de lourds rutabagas.

L'esparcette dès lors conviendra peut-être mieux que la luzerne. Non pas que l'esparcette ne s'accommodât très-bien, elle aussi, d'une terre substantielle et profonde, abondamment pourvue de tous les éléments de fertilité, où elle durerait alors et rendrait presque autant que la luzerne: mais enfin, à défaut de ces conditions privilégiées dont elle serait certainement très-reconnaissante (et elle le prouverait amplement), l'esparcette se résigne; elle végète encore d'une manière assez satisfaisante et assez rémunératrice sur un sol médiocre; et si elle se conserve moins longtemps en bon état sur un sol peu profond, elle s'y maintient néanmoins jusqu'à ce que sa vigueur se soit tout à fait épuisée, dans la lutte impuissante de ses racines contre le sous-sol impénétrable qu'elles ont enfin rencontré.

L'esparcette ne donne guère qu'une bonne coupe, rarement deux; mais la quantité et l'excellente qualité du fourrage qu'elle fournit, et surtout la facilité bien plus grande avec laquelle elle peut-être fanée, grâce à sa constitution moins aqueuse que celle des autres légumineuses, lui assurent parfois la préférence sur les trèfles et même sur la luzerne. Dans tous les cas, fût-ce en des terres à luzernes, une proportion d'esparcette est toujours bien placée.

Mais un mérite tout à fait spécial de la plante qui nous occupe, c'est de réussir admirablement, de réussir aussi bien et quelquefois mieux que dans les bonnes terres, dans les terres absolument improductives qu'on appelle vulgairement terres blanches, qui sont des marnes plus ou moins calcaires ; et aussi dans les argiles rouges ou bleues qui étalent leur nudité désolée sur les versants ravinés ou sur les plaines crayeuses des plus mauvais pays. On cite toujours à ce sujet l'immense transformation accomplie, grâce à l'esparcette, au milieu des terres blanches, jusque-là si obstinément stériles de la Champagne.

Nous pourrions reproduire ici pour l'esparcette ce que nous avons dit de l'assolement spécial et si essentiellement progressif combiné en vue de l'extension à donner aux luzernes de longue durée; mais il nous tarde d'arriver aux trèfles destinés à la faux, c'est-à-dire au fourrage artificiel qui joue ou doit jouer le plus grand rôle dans la dépossession de la jachère.

V. LES TRÈFLES. Le *trèfle ordinaire*, *trèfle violet*, auquel il convient de ne demander qu'une seule année de produit, peut donner dans cette année-là, c'est-à-dire dans l'année qui suit celle où il a été semé, deux, trois et quelquefois quatre coupes. Il se comporte d'ailleurs en raison de la fertilité du sol, en raison aussi des soins dont il a été l'objet. Mais il a peu d'exigences absolues. En dehors des terres brûlantes et sans profondeur, nulle terre ne lui est tout à fait antipathique : et, toujours sous la condition qu'on ait favorisé sa venue par des préparations intelligentes, qu'on ne le ramène pas trop souvent, c'est-à-dire avant cinq ou six ans sur le même sol, on le voit prospérer dans les terres calcaires ou argileuses, dites plus particulièrent terres à froment, comme sur les sols volcaniques, comme sur les sables frais enrichis d'humus par les alluvions.

LE TRÈFLE INCARNAT OU FAROUCHE, a, si on peut le dire, une spécialité très-distincte, une destination principale généralement connue et très-digne d'être appréciée.

Si on ne peut comparer sa valeur intrinsèque à celle du trèfle ordinaire, s'il n'égale ni en rendement ni en qualité les autres fourrages déjà mentionnés, si, en un mot, il ne vient, dans l'ordre de mérite, qu'après tout ce qui le précède et même après ce qui va le suivre, il n'en est pas moins appelé à rendre souvent, à l'exclusion de toute autre légumineuse, le plus important service.

En effet, tandis que les autres trèfles se sèment généralement et doivent se semer au printemps, le *farouche* ou *farouch* attend bien plus tard. Sa graine n'est confiée à la terre qu'après l'ameublissement des récoltes céréales, c'est-à-dire au moment où on peut déjà se rendre compte du résultat probable des ensemencements fourragers faits dès le printemps.

Le trèfle incarnat devient donc le complément de tout ce qui a été ensemencé jusque-là. Il permet de parfaire, à peu près à coup sûr, la quantité de prairie artificielle dont les récoltes de foin déjà réalisées et l'aspect des nouveaux herbages artificiels font pressentir le besoin. Si les trèfles de printemps ont mal levé, s'ils ont manqué partiellement, si une extrême sécheresse les a entièrement compromis, le trèfle incarnat devra combler le déficit prévu. Il réparera dans la proportion qu'on le voudra les dommages, soit qu'on le sème seul sur les chaumes nouveaux en les égratignant par un vigoureux coup de herse ou par un léger coup d'extirpateur, et en plombant la semence par un coup de rouleau, soit qu'on veuille seulement regarnir les trèfles violets trop clairs, en jetant la graine dans les vides et les clairières ; et naturellement, dans ce cas, la graine ne devra être mise en terre que par le rouleau, le plombage pouvant d'ailleurs suffire.

Dans le cas où il aura été semé seul, notre trèfle se recommande en outre par sa précocité. Il fournit en effet du vert dès le premier printemps ; et en le retournant immédiatement après la fauchaison, on peut semer encore après lui des pommes de terre, des navets, ou les fourrages d'été et d'automne, maïs, sorgho, etc.

Voilà, je le répète, un rôle incomparablement avantageux à donner, le cas échéant, au trèfle incarnat. Et quand j'entends, à la fin d'un été brûlant, les cultivateurs faire des doléances sans nombre sur l'aspec misérable de leurs trèfles de printemps, quand je les vois se préoccuper justement de l'insuffisance des fourrages dans l'année qui va suivre, j'ai à leur service un conseil tout prêt, une consolation toute prête :

« Semez, leur dirai-je, et dirai-je à tous ceux qui se trouvent dans les mêmes appréhensions, semez du trèfle incarnat. La graine n'est pas chère, et le sol est bientôt préparé. »

Le TRÈFLE BLANC, TRÈFLE PERENNE, c'est-à-dire d'une durée indéfinie, possède, outre ce premier mérite, celui de réussir passablement sur les terres médiocres et qui manquent de fond comme de fraîcheur, celui enfin de fournir un des fourrages les meilleurs, le meilleur peut-être, le plus succulent, le plus nutritif, celui qui donne au lait des vaches la saveur la plus agréable, et au beurre le plus de qualité. C'est une des plantes le plus à recommander pour la formation d'un pâturage de plusieurs années. Mélangé avec la lupuline, il donne aux bêtes à laine un excellent pacage ; mais de plus, sur un sol naturellement bon, activé dans sa végétation par d'énergiques stimulants suivant les procédés que j'indiquerai plus loin, il est susceptible d'atteindre un développement bien autrement remarquable qu'on ne le croit généralement ; et il peut fournir à la faux une récolte comparable à toutes les autres pour la quantité, supérieure, en même temps, par sa haute valeur.

On le mélangerait aussi avec profit avec l'esparcette, dans une proportion variable ; et, en tout cas, au milieu d'un sainfoin médiocrement venu, il est très-propre à combler les lacunes et à regarnir les clairières.

La LUPULINE OU TRÈFLE JAUNE est, je le répète, la plante du troupeau. Dans les plus petites terres à seigle, elle peut donner une bonne pâture qui se substituera tout d'abord à l'improductive jachère, et qui nourrira, dès le printemps, la troupe ovine à l'aide de laquelle le parcage va donner pour la récolte suivante une première et excellente fumure.

Pour moi, j'ai commencé à semer la lupuline, à nourrir et à parquer le troupeau, sur des terres éloi-

gnées du centre de la ferme, d'un accès difficile, où
le transport des engrais extérieurs était presque impossible. Ces mêmes terres, après épierrements successifs, après fumures graduellement accrues et défoncements complets à l'aide de labours profonds,
peuvent aujourd'hui porter de grasses luzernes, de
vigoureux sainfoins, et seront dans la suite parfaitement aptes à porter, à nourrir de bonnes récoltes,
racines, betteraves, carottes, navets ou rutabagas.
La culture du trèfle jaune a été le point de départ de
la transformation.

Tels sont les moyens d'assurer une alimentation
aussi saine qu'abondante aux troupeaux, là même où
la jachère aura perdu toute faveur et cessé de rendre
ses douteux services.

VI. Après avoir insisté comme nous avons dû le
faire sur les avantages bien manifestes d'une large
extension à donner aux fourrages artificiels; après
avoir, par une mention sommaire, classé les plus importants de ces fourrages, en caractérisant en quelques mots leur spécialité et la destination qu'il convient le plus ordinairement d'assigner à chacun d'eux,
il nous reste maintenant à étudier encore quelles
préparations particulières doivent le plus sûrement
favoriser leur réussite.

Ces préparations, quelles qu'elles puissent être, et
à quelque degré d'énergie qu'il faille s'efforcer de porter leur action en raison même des exigences de chaque plante, seront plus ou moins profitables pour
toutes : je me dispenserai dès lors de toute attribution
précise à telle ou telle culture.

Si, comme je l'affirme, les pratiques que je veux
indiquer doivent favoriser, à coup sûr, la réussite de

toutes les variétés de légumineuses, c'est au cultivateur lui-même qu'il appartiendra de choisir, d'après la
qualité de son sol et le climat de sa région, comme
d'après les besoins connus de tel ou tel fourrage,
celui ou ceux d'entre eux sur lesquels devra porter
sa préférence.

Je me suppose d'abord en face d'une terre dont les
aptitudes à produire les herbages légumineux n'ont
pas encore été vérifiées par l'expérience, où le succès
de la prairie artificielle inspire par conséquent du
doute, où il est clair enfin que les plus utiles précautions ne sont pas de trop.

Il s'agit en effet, je le suppose, d'un début et de
toutes ses conséquences. La première réussite sera
d'un grand exemple, et il en résultera un encourage-
ment puissant en faveur du progrès. Un échec, au
contraire, compromettrait tout entier le programme
des innovations, et ferait ajourner pour bien longtemps peut-être toutes les tentatives les plus désirables. Il faut donc s'efforcer de créer au profit d'une
première expérimentation toutes les bonnes chances;
et mieux vaut certainement, en ce cas, pécher par le
luxe que par l'insuffisance des éléments de succès.

On verra plus loin qu'il est des moyens puissants
de stimuler la végétation des fourrages artificiels légumineux, et je sais, en ce qui me concerne, qu'une
fois la graine bien levée, une fois la plante bien venue hors de terre, il dépend pour ainsi dire de moi
de favoriser énergiquement son développement, d'aider, en un mot, la récolte à prospérer presque au gré
de mes exigences.

Mais nous n'en sommes point encore là. Le plus
difficile est à faire.

Nous devons prendre notre tâche au début, et commencer par le commencement.

Nous avons à faire germer, à faire naître, à voir apparaître au jour, à voir pointer hors du sol la plante. C'est donc la levée du semis, ce sont toutes les chances de ce premier succès qu'il faut s'assurer, qu'il faut favoriser à l'aide des préparations les plus rationnelles.

Je consigne maintenant ici un fait important : l'analyse des divers fourrages légumineux révèle dans leur composition, indépendamment des principes azotés, une notable proportion de sels minéraux.

Tous ces fourrages contiennent en des proportions variables, mais en sérieuses quantités, de la magnésie, de la soude, de la potasse, de la chaux surtout.

Les plantes, on le sait, et nous avons déjà cherché ailleurs à le faire comprendre, ne peuvent se pourvoir des principes nécessaires à leur développement qu'en puisant dans le sol et dans l'atmosphère.

L'atmosphère ne pouvant pas, comme cela est facile à démontrer, suffire seule aux besoins divers de la végétation, si le sol est dépourvu de certains des éléments indispensables à la vie des plantes ou à leur développement, il faut bien que ces éléments lui soient fournis artificiellement, sous peine de voir manquer une récolte à laquelle la nourriture normale aura fait défaut.

Il est d'ailleurs évident que, même en faisant très-large la part d'action de l'atmosphère, on ne saurait admettre que cette action puisse s'exercer d'une manière appréciable sur les premières phases de la végétation, c'est-à-dire tant que l'air extérieur n'est point encore mis en communication avec la plante par l'intermédiaire des feuilles de celle-ci.

C'est donc à la composition du sol et à sa richesse qu'il appartient à peu près exclusivement d'activer, l'humidité et la chaleur aidant, les premiers phénomènes, le premier essor de la végétation.

Nous avons déjà montré ailleurs les raisons scientifiques et les conditions pratiques du CHAULAGE. Mais ce qui précède suffit à faire comprendre que l'administration au sol des sels dont j'ai parlé plus haut, et particulièrement de l'élément *calcaire*, l'administration de la *chaux*, est une des préparations essentielles de la culture des légumineuses.

Donc, un chaulage préalable sera presque toujours utile ; il sera indispensable quelquefois, puisqu'il existe plus d'une terre à peu près complétement dépourvue de *calcaire* : les diverses variétés de *marne* suppléeraient au besoin la chaux, bien qu'avec un moindre degré d'efficacité.

Mais l'amendement le plus puissant en vue du succès qui nous occupe, celui que je placerai au premier rang parmi les agents de fertilité à considérer ici comme héroïques, et, si je puis le dire, comme spécifiques, ce sont les *plâtras*, les débris pulvérulents des démolitions, dans lesquels le plâtre, la chaux, les salpêtres, etc., ont formé des combinaisons variées, riches en sels facilement assimilables à la végétation. Les *plâtras* fournissent à l'analyse précisément ces mêmes principes dont nous avons signalé l'existence en de si notables proportions dans les trèfles, luzernes, etc., c'est-à-dire la soude, la magnésie, la potasse, la chaux ; les plâtras fournissent donc à eux seuls aux besoins des diverses légumineuses tout un ensemble complet, et pour ainsi dire approprié, de combinaisons alimentaires.

Ces résidus, ainsi que des tas de chaux éteinte qu'on aurait arrosés, qu'on aurait animalisés durant quelques mois, avec les urines, avec les matières fécales fraîches recueillies dans la ferme, ou encore, si on le peut, avec du sang frais des abattoirs, fourniraient alors en des proportions très-favorables les principes alcalins additionnés de principes azotés, de manière à ne plus rien laisser à désirer pour la réfection préparatoire d'un sol destiné aux prairies artificielles.

VII. A défaut de ces riches agents, je recommanderai vivement la concentration des meilleures fumures sur les parties du domaine qui doivent être élevées, par les premiers progrès, à la fonction supérieure de la production fourragère.

Puisque c'est par cette production que doit débuter tout effort nouveau, puisqu'elle seule, je crois l'avoir démontré, engendrera toutes les autres améliorations, quoi de plus naturel que de lui consacrer toute l'énergie d'action dont on peut momentanément disposer ?

Dans ce même but, je recommanderai également un petit procédé de détail auquel je crois devoir attacher une réelle valeur. Si la céréale dans laquelle sera semé le fourrage a reçu le bienfaisant engrais du parcage, il est bon d'avoir saupoudré cette fumure avec une minime dose de plâtre qui fixera immédiatement et protégera contre l'évaporation les principes fertilisants de l'engrais, et, par l'action du plâtre même, aidera plus tard au bon succès du semis des légumineuses.

Celles-ci, luzerne, trèfle ou sainfoin, s'introduiront donc pour la première fois dans le domaine, par la voie des terres les plus avancées en culture.

Quant à la semence, il convient alors de la jeter dans une céréale succédant elle-même à la récolte sarclée et fumée qu'aura préparée un vigoureux et profond labour.

Qu'on se garde surtout d'une pratique détestable trop souvent usitée même en des pays de bonne cul-. ture, et qui consiste à semer le trèfle dans une seconde céréale, c'est-à-dire sur une terre où l'action des fumures est déjà épuisée, et où les mauvaises herbes lutteront avec trop d'avantage contre les débuts plus délicats et moins hâtifs du fourrage.

Pour les pays où la pomme de terre est la seule récolte sarclée, c'est dans la céréale de printemps qui aura suivi la pomme de terre (celle-ci ayant été bien traitée au triple point de vue de l'engrais, des labours et du sarclage), c'est dans une orge ou une avoine semée un peu plus clair que de coutume, qu'il faudra répandre la graine de légumineuse.

En ce cas, la terre étant plus meuble et plus fraîchement remuée que lorsqu'on opère dans une céréale d'automne, le plus léger coup de herse, quelquefois même un simple coup de rouleau, suffira à recouvrir convenablement la semence.

Dans l'hypothèse toujours un peu moins favorable où l'on sème au milieu d'un blé d'hiver, le coup de herse indispensable ne nuit pas à la céréale, bien au contraire.

Sans doute il arrive souvent et dans bien des pays, qu'on n'enterre la graine ni par le hersage ni même par le plombage au rouleau. Avec un temps favorable, une pluie qui vient à propos, une humidité suffisante durant une partie de l'été, on peut encore obtenir assez généralement un bon résultat d'un ensemencement ainsi livré aux hasards de la saison. Mais la réussite n'est jamais aussi sûre qu'avec une opération plus complète. Et je répète que les céréales elles-mêmes ont tout à gagner aux bienfaisantes rigueurs du hersage.

Quelques praticiens soigneux se donneront encore une chance de plus, en répandant après avoir semé la graine, et en enterrant légèrement avec elle une certaine quantité de plâtre, moitié, par exemple, de ce qui aurait été administré au trèfle lui-même soit avant l'hiver, soit au printemps suivant. Les praticiens dont je parle n'ont évidemment pas tort ; et, à leur exemple, on répandrait également avec avantage, au moment de la semaille, une proportion quelconque de tout autre engrais ou amendement pulvérulent de la nature de ceux que je vais indiquer bientôt.

Je ne crains pas maintenant d'affirmer qu'avec les précautions dont l'énumération précède, et même avec l'emploi rationnel de celles seulement de ces précautions qui seront plus particulièrement conseillées par les circonstances, on obtiendra en de bonnes conditions la levée du fourrage semé.

Le succès est certain, quel que soit le fourrage, fût-ce le plus exigeant, fût-ce le plus délicat, et lors même que le sol aurait été réputé jusque-là peu docile.

Il ne s'agit donc plus après cela que d'assurer la continuation de ce succès naissant. Il ne s'agit plus que d'aider avec intelligence au développement et à la prospérité définitive de la récolte en pleine végétation.

Ici le cultivateur éclairé devient, selon moi, maître de la situation.

Un fourrage bien levé, c'est un fourrage réussi,

pourvu, comme disent les paysans que je coudoie chaque jour, pourvu qu'on *lui fasse le droit.*

Faisons-lui donc le *droit.*

Et d'abord, le plâtre. Les merveilleux effets du plâtre sont connus de tout le monde.

Deux ou trois hectolitres de plâtre répandu avec soin, c'est-à-dire très-également réparti sur un hectare, donnent on le sait, au trèfle, à la luzerne, etc., une vigueur presque instantanée. C'est là pour ces fourrages comme une ondée subite de fertilité.

Tous les autres amendements alcalins ou calcaires, tous les mélanges pulvérulents, les plâtres animalisés, la chaux animalisée (comme je l'ai indiqué plus haut), auront une action plus énergique et plus durable encore que le plâtre. Pour l'esparcette, il convient peut-être de recommander plus particulièrement les cendres, les brûlis de gazon, les balayures de fours : fours à pain, fours à chaux, fours à plâtre, toutes les matières riches en alcalis, qu'on doit encore additionner, autant qu'on le peut, de substances azotées, de substances animales.

VIII. Mais le stimulant que je tenais à signaler en finissant comme l'objet privilégié de toutes mes préférences, c'est la SUIE. La suie animalisée, voilà le dernier mot de cette instruction déjà longue.

De tous les excipients qu'on puisse employer pour *enrober* les matières animales plus ou moins liquides et difficiles à manier, la suie est incomparablement le mieux approprié à cette destination, le plus riche en sels fertilisants immédiatement assimilables aux plantes, le seul enfin dont le mélange avec les substances azotées ait toutes sortes d'avantages et pas un inconvénient.

Avec la suie animalisée, avec la suie mélangée de sang, je me fais fort de faire réussir partout un fourrage.

Le procédé est d'ailleurs bien simple et facile à mettre en œuvre partout où l'on trouve la matière nécessaire.

Qu'on fasse mêler, brasser et pétrir 100 kilogrammes de sang des abattoirs cuit au four, dans 300 kilogrammes de suie. Après deux ou trois jours, on aura obtenu une dessiccation convenable ; qu'on brasse alors de nouveau et qu'on réduise en poudre, en ajoutant de 50 à 100 kilogrammes de plâtre. L'engrais peut être immédiatement répandu.

Cinq quintaux métriques du mélange (300 kilos de suie, 100 kilos de sang, 100 kilos de plâtre) fertiliseront admirablement un hectare, puisque moitié même de cette quantité produirait déjà un effet très-remarquable.

Pour une luzerne, cette énergique alimentation, une seule fois donnée, continuera son action (avec quelque atténuation, sans nul doute) pendant la durée tout entière du fourrage. Que le cultivateur renouvelle tous les trois ou quatre ans, fût-ce à bien moindre dose, ces bienfaisantes largesses ; et s'il sait défendre la luzerne, que sa vigueur protége déjà dans une certaine mesure contre l'invasion des mauvaises herbes, il la maintiendra, vingt ans s'il le veut, dans une prospérité soutenue.

Pour les autres fourrages de moindre durée, le bénéfice sera le même ; mais, de plus, les quatre, cinq et six récoltes qui succéderont à l'herbage témoigneront encore de l'excellence du procédé.

Voilà donc, au prix de 20 francs environ par hectare [1], la plus énergique fumure, une fumure d'un effet aussi complet que durable.

Pour 20 francs, la prospérité d'un hectare d'un bon et abondant fourrage est assurée. En un sol même médiocre, c'est tout au moins un excellent pâturage qui sera conquis sur la jachère.

IX. J'avais énoncé qu'il est toujours possible de réaliser dans l'œuvre d'une transformation agricole ce premier progrès capital :

La création des fourrages.

J'avais dit que j'espérais pouvoir montrer comment on peut obtenir à cet égard un succès à peu près infaillible; je crois avoir tenu ce que promettait le programme.

Les petits moyens dont j'ai préconisé la sérieuse importance sont maintenant connus.

Il est facile à tout le monde d'essayer. Il dépend de chacun, j'en suis convaincu, de franchir sans un effort extraordinaire la plus réelle difficulté qui se rencontre au début d'une entreprise d'amélioration culturale. Les grands suppléments d'engrais vont se produire : toute récolte s'en ressentira. — Et puis, sur le défrichement d'un fourrrage bien venu, quelle récolte a jamais mal réussi ?

Le premier grand pas vers le bien est donc fait : tout le reste peut, doit, et va suivre.

---

1. Je paye en ce moment 3 fr. 50 les 100 kilogr. de suie; soit, pour 300 kilogr... 10 f. 50

  — les 100 kilogr. de plâtre............................, ... 5   »

  — les 100 kilogr. de sang cuit au four, à la consistance de tourteau ferme ou de boudin................................. 5   »

                                        Total.................... 20   50

X. LES FOURRAGES SUPPLÉMENTAIRES; INTERCALAIRES, EN RÉCOLTES DÉROBÉES. On vient de voir que la culture des fourrages artificiels doit jouer un rôle continu dans la production des aliments destinés aux bestiaux, et prendre une place régulière, une place toujours plus large dans les successions de récoltes qui peuvent constituer un assolement progressif.

Après avoir donné à cette question fondamentale des développements proportionnés à son importance, je ne puis maintenant me dispenser de mentioner, au moins en quelques pages, ce qu'on peut appeler *les fourrages de supplément,* c'est-à-dire la *production fourragère,* jusqu'à un certain point facultative, qui se subordonne aux nécessités du moment, qui se règle d'après les circonstances variables ou les accidents de chaque saison.

Supposons une de ces années comme nous en avons vu un trop grand nombre dans une période récente, une de ces années de sécheresses désastreuses dont les régions pastorales, celles où l'élève du gros bétail est la principale industrie, ont si particulièrement souffert.

Non-seulement les fourrages semés l'année précédente ont fait défaut au printemps; non-seulement l'été et l'automne ont rivalisé de stérilité en herbages, mais, sous l'influence des mêmes conditions atmosphériques, presque tous les ensemencements de graines fourragères faits en avril et en mai, les semis de trèfle, de luzerne, de sainfoin, etc., qui devaient être la ressource de l'année suivante, ont complétement échoué.

Ainsi nous voilà avec des granges presque vides; les animaux ont fort entamé la provision exiguë des foins de prairies; et le printemps prochain ne promet qu'une assistance tardive et insuffisante. Que faire alors et qu'y aurait-il à faire en de semblables circonstances?

La prudence, l'expérience, le savoir agricole sont-ils frappés ici de la même impuissance que l'incurie et l'ignorance elle-même? Nous devons bien admettre qu'il ne peut pas en être ainsi. Et c'est dans des conditions pareilles à celles que nous venons d'indiquer, que le véritable agronome et la véritable agronomie manifestent infailliblement toute leur supériorité.

Dès le mois de juillet, dès le mois de juin même, nous l'avons dit, l'échec plus ou moins complet des semis de fourrages était trop certain.

Où et comment trouver les compensations nécessaires? Comment suppléer au *déficit* facile à constater?

Et d'abord, ce sera plus que jamais le cas de tenir grand compte de ce que nous avons dit relativement au *trèfle incarnat*. Il faut lui faire une place importante, et, soit sur les trèfles mal levés qu'il y aura lieu de regarnir selon la manière indiquée dans les chapitres précédents, soit sur les trèfles tout à fait manqués qu'on a dû déchirer, soit enfin sur les chaumes de céréales, immédiatement après la moisson, dès le commencement du mois d'août s'il est possible, il faudra largement semer le trèfle incarnat.

De la sorte on aura, je le répète, de bonne heure au printemps, un puissant secours.

Mais dès avant ce temps, dès la fin de juin et à partir de juillet, des besoins déjà impérieux auront appelé toute l'attention du cultivateur intelligent.

Celui-ci aura senti la nécessité de ne perdre ni un

jour de temps, ni un .are de terrain, d'utiliser tout ce qui est disponible, toutes les terres de jachère ou de demi-jachère, pour se créer des ressources nouvelles, des ressources plus ou moins immédiates en nourriture.

Notre bon cultivateur aura eu grand soin, par conséquent, de généraliser sans retard les ensemencements de fourrages à végétation rapide qui pouvaient donner un riche appoint utilisable avant les semailles d'automne; il aura consacré à ces produits les terres en préparation pour les céréales d'hiver, et aussi les terres qui avaient été occupées par les fourrages précoces, tels que colza-fourrage, vesces, jarousses, gesses, trèfle incarnat de l'année précédente.

Dans cette catégorie de produits, tous précieux par leur opportunité, on a pu, à la Saint-Jean, semer pour ainsi dire coup sur coup :

Les *navets* de toute sorte.

La *rave* d'Auvergne,

Le *raifort*,

Toutes les variétés de *rutabagas* ou *choux-racines*.

En terre volcanique surtout, et après le parcage, ces diverses racines d'une formation et d'un développement si prompts pour la plupart, auront encore réussi malgré la sécheresse, si le semeur a eu la bonne chance de rencontrer ou le talent de choisir à point l'une de ces rares matinées, de ces matinées privilégiées, qu'une légère et bienfaisante ondée, une simple rosée quelquefois, a réjouies pour une heure.

On aura encore, avec un avantage bien vite apprécié, semé de quinzaine en quinzaine le *maïs*, cette plante fourragère hors ligne, d'une végétation si active, si puissante, si merveilleusement résistante à la sécheresse ; qui, sous un soleil brûlant, attend patiemment, et semble quelquefois sommeiller un certain temps entre la vie et la mort ; mais qui, la première pluie venue, n'en demande pas une seconde, se réveille vigoureusement, grandit pour ainsi dire à vue d'œil, atteint en moins de deux mois et demi une hauteur de un à trois mètres, et fournit en d'énormes proportions, par sa tige et sa feuille également succulentes, également charnues, le fourrage le plus avidement dévoré par tous les bestiaux.

Les services rendus par le *maïs*, les services qu'il est appelé à rendre en tout temps, mais surtout dans les années de sécheresses calamiteuses, ne peuvent être bien compris et pleinement appréciés que par ceux qui ont vu de près cette culture fourragère bien conduite et parfaitement réussie dans une exploitation où l'on sache labourer, fumer et sarcler d'une manière convenable. Je ne dissimule pas en effet qu'avant le maïs, pour que le maïs lui-même ait toute sa vigueur, ou au moins après lui pour que la céréale qui lui succédera ne reste pas en souffrance, il faut généreusement fumer, il faut ne pas épargner l'engrais, en tenant d'ailleurs pour certain que le fourrage restituera avec usure tout ce qu'on lui aura prêté.

Avec le maïs semé comme nous l'avons dit de quinzaine en quinzaine, dans les derniers ensemencements surtout, on se sera bien trouvé, suivant les sols et les températures, d'avoir semé des pois, des vesces, des féveroles, de la moutarde blanche, et aussi parfois du lupin et du sarrasin.

Ces deux dernières plantes, essentiellement rustiques, végètent promptement dans les sols granitiques ou sableux, et les bestiaux les mangent encore volontiers en mélange, bien qu'ils les dédaignent quelquefois ou s'en dégoûtent facilement lorsqu'on les leur donne seules.

XI. Voilà pour ce qui peut être pris sur jachère ou demi-jachère. Arrivons aux véritables récoltes *dérobées*.

Août venu, sur le sol qui a déjà porté un maïs fourrage fumé, on peut essayer avec succès, ce qui a déjà réussi sur les chaumes promptement retournés :

Les raves,
La spergule,
La moutarde blanche,
Les féveroles surtout,
Les vesces,
Les pois, etc.

Tout cela, semé ensemble ou séparément, peut à cette époque, en *récoltes dérobées*, c'est-à-dire obtenues par surprise pour ainsi dire entre deux autres produits, tout cela peut donner encore du vert jusqu'aux gelées ou jusqu'aux dernières semailles de céréales d'hiver. Et les céréales d'hiver, semées sur un seul labour après l'enlèvement du fourrage, n'auront pas à se plaindre de cette préparation. Elles bénéficieront au contraire de l'humidité favorable laissée dans la terre par les légumineuses, et aussi des détritus ou débris de feuilles ou de tiges restés sur le sol ; elles trouveront de la sorte la valeur d'un cinquième ou d'un sixième de fumure qui n'aura rien coûté, bien s'en faut.

Dans la petite culture d'un petit métayage, et sur un champ de qualité fort médiocre, j'ai vu le trèfle incarnat déchiré en mai, faire place à un mélange de

pois et de vesces, qui, mangées sur pied fin juillet, cé-
daient à leur tour le terrain à un nouveau semis de
fourrage. Voyant alors de vigoureuses féveroles se
développer en deux mois et grandir, je me figurais
que le champ terminait ainsi son rôle de production
fourragère. Cependant il n'en était point encore ainsi.
Les fèves récoltées en vert et jetées à la crèche des vaches dont le lait devenait plus abondant et meilleur
que jamais, laissaient bientôt apparaître une récolte
de raves.

Les raves avaient été semées en même temps que
les féveroles, et elles avaient promptement végété à
l'ombre de ces dernières. Recueillies fin octobre, elles
donnaient, en fanes et en racines très-passablement
volumineuses, une dernière ressource très-digne d'être
appréciée.

C'était là de la vraie culture intensive, faite à peu
de frais, par quelqu'un qui n'en était pas plus fier, et
ne se doutait guère qu'il eût donné un rare et très-
utile exemple.

Pour moi, j'ai tenu à citer ce fait, afin de montrer
qu'avec de l'activité, de l'ingéniosité, et la connaissance suffisante de toutes les ressources de son métier ou de son art, il est difficile qu'un bon cultivateur reste complétement à court, et soit absolument
au dépourvu, même après les saisons les plus contraires.

Mais revenons à la série des précautions qu'il faut
continuer de prendre pour parer à la disette présente
ou prévue.

Les premiers secours que nous avons énumérés, et
qui doivent subvenir aux nécessités les plus actuelles,
n'ont pas sufi à nous rassurer complétement pour

l'avenir. Nous avons pourvu aux besoins de la consommation immédiate, nous ne nous sommes pas prémunis pour l'année qui va suivre.

Eh bien, pour l'année qui va suivre, pour le printemps à venir, sans parler de nouveau du trèfle incarnat dont il a été surabondamment question, en septembre et octobre, on aura dû semer de quinzaine en quinzaine : le *colza* à la volée, qui donnera la première verdure, à peine au sortir de l'hiver.

Puis, la *vesce d'hiver*,

Le *jarat* et la *jarousse d'hiver*,

Les *pois gris* ou *pois hivernaux*.

Toutes ces légumineuses, comme je l'ai dit ailleurs, s'accommoderont très-bien d'un bon sol et assez bien encore d'un sol passable.

Elles s'accommoderont d'un sol très-médiocre, s'il est bien fumé. Elles s'accommoderont plus ou moins d'une bonne terre excessivement fumée, passablement fumée, passablement, médiocrement, et même pas du tout fumée ; dans ce dernier cas, il est vrai, on devra absolument plâtrer. Un demi-plâtrage avant l'hiver dès la levée de la plante, un second plâtrage même parcimonieux, au printemps suivant, assureront infailliblement le succès.

XII. Je voudrais en finir ici de ces détails minutieux, mais je ne puis m'empêcher d'insister sur l'immense avantage qu'il y a à administrer de copieuses fumures au sol qui doit porter un fourrage légumineux.

Il faut avoir toujours présent ce principe incontestable et si important à retenir :

Tout fourrage légumineux bénéficie amplement des fumures ;

Aucun fourrage légumineux n'est jamais trop fumé ;

Aucun fourrage légumineux n'épuise la fumure ; c'est le contraire qui a constamment lieu.

La légumineuse *coupée en vert, entre fleur et graine,* aura rendu au sol bien plus qu'elle ne lui aura pris.

Les pommes de terre, les raves, le maïs, etc., qui lui succéderont dans le courant de l'été, les céréales qui viendront en automne, trouvant une terre plus riche et plus féconde, prospéreront plus infailliblement qu'à la suite d'une jachère non fumée, et peut-être même fumée ; et les mauvaises herbes, dont il est si difficile de défendre une récolte après les fumures énergiques, auront péri étouffées sous la végétation luxuriante d'un magnifique fourrage.

Je résume en peu de mots ce long paragraphe.

Celui qui ne sème qu'une seule variété, celui qui ne sème qu'un petit nombre de variétés fourragères, n'est jamais assuré d'échapper à une pénurie quelquefois désastreuse ; il reste dans la cruelle dépendance de toutes les circonstances défavorables.

En variant les cultures,

En multipliant les essais,

En faisant rapidement succéder une plante à l'autre par des ensemencements réitérés, et pour ainsi dire non interrompus,

En complétant toujours davantage ce que j'appellerai les assortiments de fourrages,

On peut, dans les mauvaises années, avoir des échecs partiels et de mauvais moments à traverser ; on ne passe jamais complétement sous le joug le plus cruel de la nécessité.

On ne se trouve pas réduit comme tant d'autres (et qui n'a vu cela de trop près dans ces dernières années ?), on ne se trouve pas réduit à se défaire du jour

au lendemain de la meilleure partie de son bétail; on
ne se trouve pas réduit à vendre à tout prix ses misérables animaux, des animaux amaigris, exténués, longuement éprouvés par la faim, devenus réellement
sans valeur, et qu'il faudra cependant remplacer l'année suivante, — en achetant fort cher, sans trouver
l'équivalent en qualité de ce qu'on aura vendu presque pour rien.

XIII. Cultures sarclées, fourrages-racines. Les
sarclages, et les *binages* qui sont le complément des
sarclages, ont pour objet, comme tout le monde le
sait, de nettoyer et d'ameublir le sol en culture.

Dans une exploitation bien tenue, il n'est pas de
récoltes qu'on ne doive sarcler. Les céréales, même
semées à la volée, demandent à être purgées des mauvaises herbes qui les salissent, qui les gênent, qui les
étouffent, qui les affament en leur disputant leur
nourriture. Elles veulent être ensuite entrefouies, tout
au moins, par de vigoureux hersages.

On désigne, toutefois, plus particulièrement sous le
nom de *plantes sarclées*, les plantes qui réclament
plus impérieusement encore le sarclage; celles qui ne
sauraient s'en passer, celles qui, si elles ne recevaient
pas les façons nécessaires, ne donneraient qu'un produit sans valeur, et laisseraient la terre dans un état
de malpropreté funeste aux récoltes suivantes.

On peut diviser les plantes sarclées en trois catégories distinctes :

Les plantes industrielles, plus particulièrement
commerciäles; les plantes à graine ou à grain, diver-
sement utilisables, et les plantes à racines comestibles
ou fourragères.

Dans la première catégorie, parmi les plantes in-

dustrielles et commerciales se trouvent les plantes
oléagineuses, ou qui donnent de l'huile (le colza,
l'œillette, la navette, la caméline, etc.), les plantes
textiles ou qu'on peut tisser (le chanvre, le lin, etc.)

Les plantes tinctoriales ou qui servent à la teinture
(la garance, la-gaude, le pastel, etc.).

Ces récoltes peuvent être, certainement, très-lucra-
tives, mais elles sont aussi toujours très-dispen-
dieuses ; et malgré les utiles façons qu'elles font donner
au sol, malgré les fumures abondantes qu'elles reçoivent, elles ne sauraient être considérées comme
améliorantes. Elles consomment beaucoup, et ne rendent rien à la terre qui les a nourries. Elles sont dès lors
le fait d'une agriculture déjà avancée, déjà riche de
progrès accomplis ; or, une telle agriculture n'est
pas celle dont nous avons à nous occuper ici avec le
plus de sollicitude.

La deuxième catégorie comprend les légumes en
grain : fèves, haricots, lentilles, etc., on peut y comprendre également le maïs destiné à grainer.

Ces récoltes ajoutent encore trop peu de chose aux
ressources en nourriture destinée au bétail, pour que
nous devions y insister longuement.

La petite et la moyenne culture, à peine échappées
aux entraves de la routine et de l'ignorance, ont à
chercher ailleurs la force, les éléments de progrès, les
éléments de fertilité qui leur manquent au début.
Après l'introduction des fourrages artificiels, ce sont
les récoltes sarclées à fourrage, les racines fourragères, les divers choux à bétail, les pommes de terre,
le topinambour, la carotte, le panais, la rave, et surtout et avant tout, la betterave, qui seront le grand
but à poursuivre.

Dans cette catégorie de produits, une récolte sarclée bien conduite et bien réussie, est le meilleur témoignage en faveur d'une ferme en progrès.

Les plantes sarclées doivent être semées en ligne. Dans un semis à la volée, les façons, mêmes exécutées avec des instruments à main, sont difficiles et laissent toujours quelque chose à désirer. Dans des lignes convenablement espacées, la houe à cheval simplifie beaucoup le travail, et permet d'arriver à temps, c'est à dire d'attaquer les mauvaises herbes au moment où il importe de les détruire, et de profiter des jours où la terre, n'étant ni trop sèche ni trop humide, un bon binage y produira tout son effet.

Les racines-fourrages en culture sarclée sont ordinairement appelées à devenir la tête d'assolement. Elles reçoivent alors la principale fumure d'une rotation, et cette fumure ne saurait être mieux placée que là; d'abord parce que les racines fourragères sont toutes avides de fumier, et qu'elles ne souffriront pour ainsi dire jamais d'un excès de fumure; ensuite parce que l'arrachage à la main des mauvaises herbes, et plus tard le travail exécuté soit avec la houe à bras, soit avec la houe à cheval, détruiront, dès qu'elles auront germé, les plantes nuisibles dont la graine se serait trouvée dans le fumier.

C'est ainsi que les fourrages-racines seront une excellente préparation pour toutes les récoltes appelées à leur succéder, et qu'elles accroîtront dans une mesure énorme et toujours croissante les provisions de nourriture auxquelles il faut, nous l'avons dit assez, demander la richesse progressive d'une exploitation.

XIV

DU BÉTAIL

Accroissement en nombre. — Amélioration de la qualité. — Choix
des reproducteurs ou sélection.

I. Toutes les améliorations que nous avons énumé-
rées jusqu'à ce jour, nous les supposons réalisées.

Les terres épierrées ont été remuées par de vigoureux labours.

Des fumures énergiques, des amendements rationnels, appropriés aux besoins des champs et des récoltes, ont été généreusement répartis dans un assolement judicieux.

Les terrains humides, mouillés, marécageux, sub-
mergés, dans les temps de pluie, ont été assainis par
le drainage et les rigolements;

Les eaux recueillies avec soin et avec intelligence
ont permis de rendre les prairies existantes bien meilleures et d'en créer de nouvelles.

Enfin, la culture des fourrages artificiels, celle des
fourrages *intercalaires* ou en récoltes dérobées, celle
des racines fourragères ou racines sarclées, se sont
largement étendues en gagnant graduellement plus
d'espace sur la surface du domaine transformé.

Or, nous aurions bien mal rendu notre pensée, nous
aurions bien incomplétement rempli la tâche que
nous nous étions imposée, si le but que nous voulons

atteindre n'est point encore parfaitement connu ; si on
en est encore à comprendre que la plupart des opérations culturales recommandées dans ce livre, ayant
pour objet l'accroissement en quantité comme en qualité des fourrages, doivent avoir pour conséquence
immédiate l'accroissement en quantité comme en
qualité des bestiaux, en d'autres termes : la multiplication, l'amélioration et l'entretien mieux entendu de
toute espèce de bétail.

Plus de fourrages, partant plus de bestiaux, partant plus de fumier, partant plus de produits de toute
sorte ; voilà le progrès nous l'avons dit maintes fois,
nous ne nous lassons pas de le redire.

II. Si donc la spéculation du bétail, si l'élève, l'entretien, l'engraissement des animaux sont le premier
des intérêts de l'agriculture progressive, le premier
soin du bon cultivateur doit être de se rendre bien
compte des conditions spéciales dans lesquelles il est
appelé à faire cette spéculation.

On sait assez généralement aujourd'hui quelle est,
en économie rurale, la valeur de la question des
races.

Il est des races qui, à d'égales conditions de nourriture et d'entretien, donnent en un sujet de deux ans,
la taille, le poids, l'aptitude à l'engraissement, la
graisse même qui ne se trouvent en d'autres races que
chez des sujets de cinq ans. Avec une race d'engrais
précoce, je pourrai donc, par exemple, je pourrai
en cinq ans élever successivement et vendre trois
génisses de 450 kilos, valant 300 francs l'une, soit
900 francs les trois, tandis que mon voisin, avec bien
plus de frais de nourriture, ne parviendra à produire,
dans le même temps, qu'une seule vache ne valant pas

plus, ou valant moins que chacune de mes trois génisses. Il faut en effet remarquer qu'au terme même de leurs deux années, nos élèves ne sont point encore arrivés à consommer la ration complète des animaux adultes, ration que mon voisin aura dû donner pendant trois ans à sa vache.

Une moindre dépense de nourriture m'aura rendu 900 francs; une dépense bien plus considérable ne lui aura rapporté que 300 francs.

De plus, j'ai livré à la consommation 1,200 kilogrammes de viande, pendant que lui-même il en fabriquait 400 seulement. Si mon intérêt privé trouve dans ma manière d'opérer une satisfaction considérable, l'intérêt public, l'intérêt du consommateur n'est pas moins visiblement satisfait.

Voilà pour la viande; venons à la production laitière.

Il y a des vaches qui ne donnent pas en moyenne 300 litres de lait par an; il y en a qui en donnent plus de 3,000.

Il y a des vaches qui, au plus fort de la lactation, donnent 2 ou 3 litres par jour ; il y en a qui en donnent 20 et 25 (je ne parle pas, mais d'autres en parlent, de vaches de 35 et 40 litres ; je n'en parle pas, ne les ayant jamais rencontrées).

On voit encore quelle est ici la différence des résultats et comment, dans une ferme, le cultivateur qui choisit bien ses laitières peut faire d'énormes bénéfices, tandis que son voisin, avec plus de ressources en fourrages et un bétail même plus nombreux, fait consommer, à perte, d'immenses quantités de nourriture.

Il faut donc encore apporter ici comme partout un

peu d'observation, un peu de jugement, un peu de science.

Il faut étudier avec une attention judicieuse, il faut choisir avec un soin intelligent l'objet de sa spéculation.

III. Mais comment se diriger dans les incertitudes d'un début? Voici quelques principes à ce sujet qu'il sera peut-être bon de ne pas perdre de vue.

Ne nous occupons en ce moment que des bêtes à cornes.

Les services que l'homme demande aux animaux de l'espèce bovine sont d'une nature multiple et qui peut varier essentiellement, suivant les convenances et les besoins de chaque région.

Il y a donc lieu d'examiner avant tout quel service on en doit attendre, ou quel produit on a intérêt à leur demander.

Les pays qui ont l'avantage d'approvisionner de grands marchés, ceux à qui le voisinage de la mer fournit des facilités d'exportation que n'ont pas les autres, tiennent naturellement et doivent tenir à produire de grandes quantités de viande.

Dans les montagnes et sur les plateaux du centre, qui se prêtent au régime pastoral mixte ou absolu ; partout encore où une industrie plus habile sait, au voisinage des grandes agglomérations urbaines, tirer un parti exceptionnellement avantageux, soit d'une des formes du laitage, soit du lait en nature, la production laitière devient naturellement le but qu'on se propose d'atteindre.

En montagne, de vastes pâturages favorisent, de plus, la spéculation du croît et de l'élevage.

Enfin, il est de nombreuses régions agricoles où

l'un des premiers et des plus importants services, le premier, le plus important peut-être à demander aux bêtes à cornes, aux cornes, comme on dit volontiers dans ces pays-là, c'est le travail, un travail assidu.

Voilà, comme il est facile de s'en rendre compte, trois destinations qui seront quelquefois on ne peut plus distinctes.

Or, suivant que l'on a en vue l'une de ces destinations, suivant qu'on veut de la viande, du lait ou du travail, il faut choisir telle ou telle race, tel ou tel mode d'entretien, tel ou tel système de nourriture ; et ce choix sera quelquefois difficile.

Dans tous les cas, on comprend qu'il soit parfaitement impossible de conseiller la même chose à tout le monde, d'établir pour tout le monde des principes uniformes, des règles absolues.

Il est bien peu d'agriculteurs, sans doute, qui n'aient entendu parler, plus ou moins, des magnifiques travaux par lesquels l'agriculture anglaise, avec une patience rare et une persistance de volonté qui se rencontreront difficilement en France, est parvenue à modifier complétement, à transformer dans le bétail l'œuvre primitive de la nature.

Il y a là tout au moins un grand exemple ; et pour la production de la viande, les races anglaises d'engraissement précoce peuvent rendre certainement de très-importants services.

Mais ce n'est point à dire que parmi les races françaises (les races indigènes ou du pays) il n'y en ait pas plusieurs, il n'y en ait pas un assez grand nombre pouvant parfaitement satisfaire aux mêmes besoins, susceptibles surtout d'acquérir, par une amélioration intelligente, une très-haute valeur et peut-être une supériorité très-réelle dans la spécialité de la boucherie.

La race normande ou cotentine, qui d'ailleurs compte de si remarquables laitières ; la magnifique race charolaise, qui se prête en outre si bien aux croisements avec les durhams, la race limousine, la race d'Aubrac certainement moins connue qu'elle ne mérite de l'être, et bien d'autres encore, fournissent d'excellents sujets pour l'engraissement.

Les races hollandaise et flamande, qui, malgré leurs noms, appartiennent pour une si large part à la France du Nord ; la race bretonne, proportionnellement à sa conformation, et plusieurs autres petites races de montagne ou des pays même peu fertiles du centre, donneront à qui voudra les nourrir convenablement des quantités surprenantes de lait.

Les salers, les bazadais, les garonnais, les aubracs eux-mêmes, sont de vigoureux animaux de travail.

Sous ce rapport, certaines imperfections de conformation seront presque des qualités : le salers, par exemple, haut sur jambes souvent, — un peu sanglé, trop chargé d'encolure, doit à son manque de dessous, c'est-à-dire à la longueur de ses membres, non moins qu'au volume de ses os, à la puissance de son ossature, des allures exceptionnellement rapides et une vigueur d'action au travail qui font de cette race la première certainement des races de trait.

IV. Il ne serait donc pas difficile, soit à l'aide de croisements par les races supérieures dans chaque spécialité, soit par l'introduction directe d'animaux de pur sang de chaque race, d'atteindre assez immédiatement le but le plus désirable, si ce but était toujours exclusif et toujours absolu.

Et à ce point de vue, les maîtres, les docteurs de la grande agriculture progressive n'ont pas tort de conseiller ce qu'on appelle la spécialisation des races, en raison des aptitudes qui leur sont reconnues et des services qu'on leur demande.

Recommander la meilleure race laitière à qui veut du lait, la meilleure race de travail à qui veut du travail, etc., c'est très-rationnel assurément ; c'est ce qu'il y a de mieux pour quiconque vise et peut viser sans témérité à une certaine perfection dans la spéculation de spécialité.

Mais pour un bon nombre de régions agricoles, pour la grande majorité des exploitations, petites ou moyennes, qui constituent vraiment la France rurale, cette perfection est-elle possible ?

Combien connaît-on de fermes où il soit possible d'avoir à la fois, côte à côte pour ainsi dire, et cependant sans mélange, une race pour le travail, une race pour la production laitière, une race de boucherie ?

Cependant, les régions qui veulent de la viande ne sont pas fâchées d'avoir aussi du lait ; là où on désire du travail, on veut encore trouver des qualités laitières et des aptitudes à l'engraissement.

Le cultivateur qui a cette double exigence, et presque tous sont comme lui, désire que ses bœufs, mis au joug, tirent la charrue et traînent les chars ; mais quand viendra le moment de se défaire de ses animaux, il appréciera fort l'avantage de les pouvoir engraisser à peu de frais, en peu de temps, à bon profit.

Enfin, les produits de la laiterie doivent compter aux recettes du marché. Ils doivent, de plus, subvenir, pour une bonne part, aux nécessités de l'alimentation de la ferme; il faut donc à la ferme du lait.

C'est donc à ce point de vue, au point de vue du cumul des trois aptitudes, qu'il convient en général d'étudier, avant tout, les races locales qu'on a sous la main.

Nous connaissons, nous l'avons dit, et nous apprécions comme tout le monde, les belles, mais quelquefois dispendieuses créations de l'agriculture anglaise, et les facultés de développement et d'engraissement précoces déjà acquises à certaines races françaises; mais nous croyons qu'il faut y regarder à deux fois avant de porter sa préférence au dehors et loin de chez soi; nous croyons, dans tous les cas, qu'il serait souverainement imprudent de condamner, d'éliminer entièrement les variétés locales, avant d'avoir tenté sur elles quelques expérimentations bien suivies, d'amélioration par elles-mêmes.

Les besoins, nous l'avons dit, sont variables comme les aptitudes, suivant les régions. Rien que pour le travail, bœufs et vaches n'ont pas partout les mêmes qualités à mettre en œuvre.

Bœufs et vaches doivent être ici plus lents et là plus rapides d'allures; agiles, alertes à gravir en montagne, et dépêchant l'ouvrage en terres légères; plus patients et plus résistants à la plaine pour un labour profond en terres plus fortes.

Eh bien, j'ai la conviction que bon nombre de localités possèdent, sous tous ces rapports, à peu près ce qui leur convient, c'est-à-dire une ou plusieurs races, sous-races ou variétés qui se sont formées sous les influences spéciales du sol, du climat, des nourritures et des services même qu'on leur demande.

Malheureusement la plupart de ces variétés intéressantes, dont quelques-unes se sont révélées avec
avantage dans les concours ; qui répondent, qui s'a-
daptent d'une manière toute particulière, et précisément en raison d'une appropriation de nature, à toutes
les nécessités d'un pays ; qui en sont, pour ainsi dire,
le produit normal et presque forcé ; ces variétés, ces
familles n'ont peut-être jamais été l'objet de la
moindre tentative d'amélioration de quelque valeur.
On les juge, on les condamne, on les abandonne, on
les élimine sans avoir expérimenté sur elles avec méthode, avec suite, avec un peu de patience, avec une
persistance de quelques années ; en un mot, on ne
les connaît pas.

Que se passe-t-il, en effet, dans les pays arriérés
dont nous devons nous occuper encore plus que des
autres ?

Dès qu'on a résolu de faire des élèves, les veaux
venus, on garde, sans choix, des sujets nés d'accouplements de hasard ; on élève indistinctement tout
produit.

L'époque du sevrage arrive ; le plus souvent on
sèvre trop tôt. Puis on ignore ou l'on oublie que c'est
là peut-être le fait capital de l'élevage.

On oublie que c'est au sevrage que l'animal se
constitue, qu'il se forme — ou se déforme. Et cette
période si importante de la vie de l'animal, ne devient l'objet d'aucuns soins particuliers. On ne songe
même pas qu'à deux ou trois ans le sujet de choix
n'aura pas coûté plus cher, aura probablement coûté
moins cher, c'est-à-dire aura moins consommé, que
le sujet le plus défectueux. L'un vaudra cependant
quelquefois 150 et 200 fr. de plus que l'autre ; et

comme reproducteur, il pourra faire souche d'une descendance qui conservera souvent les mêmes caractères de haute supériorité. Que si par malheur l'animal inférieur èst également laissé à la reproduction, plusieurs générations garderont encore la trace ineffaçable de ses tares héréditaires. Trop souvent en effet, l'incurie, l'ignorance ou le besoin d'argent font vendre, non pas l'animal défectueux ou taré, mais celui qui précisément en raison de ses qualités est de plus facile défaite. La boucherie consomme les plus belles formes; et le cultivateur qui a vendu au hasard ou plutôt au choix de l'acheteur, garde, pour entretenir et renouveler son étable, les types inférieurs, les rebuts de tous les marchés.

Trop fréquemment, en outre, vaches et taureaux vivent en commun au pâturage.

Le hasard le plus aveugle et le plus stupide fait les accouplements; ou plutôt, de deux taureaux d'inégale valeur, c'est le plus maigre, le plus leste, le plus *levretté*, c'est celui qu'on pourrait appeler le taureau de course, qui gagne le prix de la légèreté et qui fait la saillie en courant.

C'est ainsi qu'une race s'amoindrit, s'appauvrit, s'abâtardit et s'étiole, parce qu'on n'a pas su nourrir suffisamment et choisir avec intelligence les élèves ; parce qu'on n'a pas su choisir et nourrir les reproducteurs.

Voilà comment, dans certaines régions, où les races primitives n'étaient certainement pas dénuées de bonnes qualités foncières, on voit cependant se multiplier ces misérables sujets, ces squelettes d'animaux, qui consomment autant et plus que les types de choix, ne produisent, pour ainsi parler, ni lait, ni viande, ni fumier, et sont une proie marquée d'avance pour toutes les épizooties qui déciment chaque année des milliers d'étables.

V. En disant ainsi ce qui se fait dans beaucoup de pays, dans tous les pays arriérés, nous croyons avoir dit ce qu'il faut ne pas faire, et montré par conséquent tout ce qu'il importerait de faire. Puisque les pratiques que nous blâmons ici, ont pour conséquence forcée la dégénérescence, la détérioration d'une race, c'est à des opérations toutes contraires qu'on devra demander une amélioration progressive.

Cette amélioration serait-elle donc bien difficile? Ne pourrait-on pas, presque aux mêmes frais, mais avec un peu plus de soins et de science, produire, entretenir beaucoup plus et de bien meilleurs animaux?

Il est entendu que la ferme en voie de progrès est déjà pourvue d'abondantes provisions fourragères.

Eh bien! j'ai parlé, par exemple, de ces quelques bonnes races indigènes qu'on a souvent presque sous la main; qu'on peut, qu'on doit étudier et tenter d'améliorer sur place; dont plusieurs sont, peut-être, autant que les plus renommées, aptes à répondre aux besoins spéciaux de chaque localité; qui parfois même donneront en des proportions très-satisfaisantes ces trois utiles produits : lait, viande et travail.

Eh bien! comment procéder avec elles?

Voici, ce me semble, une marche très-facile et très-simple à suivre; si facile et si simple qu'on est presque honteux d'avoir à insister sur ce qui devrait être connu de tous et pratiqué par tous :

Choisir d'abord pour l'élevage les meilleurs produits parmi les jeunes; vendre au boucher tous les veaux moins parfaits;

Donner quelques soins de plus au sevrage, c'est-à-dire, ajouter à la nourriture ordinaire des boissons farineuses qui rendront moins pénible, pour le jeune, le passage du pis de sa mère à la crèche ; se garder à bien plus forte raison de le faire passer brusquement du lait au foin sec ;

Plus tard, vendre ou castrer tous les taurillons qui n'ont pas tenu ce qu'on s'en promettait ; ne laisser surtout à la reproduction aucun animal défectueux ;

Donner encore à toutes les bêtes adultes, mâles ou femelles, des nourritures plus rationnelles et aussi parfois plus abondantes ;

Mélanger toujours avec soin le vert et le sec en été, une proportion de racines avec la ration de paille et de foin en hiver ;

Loger plus convenablement, dans des étables saines, hautes, bien aérées, où surtout les eaux de fumier ne restent pas accumulées dans les trous d'un pavé inégal ; bien loger, nettoyer souvent, en un mot tenir proprement, sur des litières abondantes et assez souvent renouvelées, le bétail qu'on désire amener à une plus haute valeur ;

Le temps des accouplements venu, unir des animaux de moins en moins imparfaits, qui puissent en outre corriger l'un par l'autre les défectuosités relatives de chacun d'eux ;

Poursuivre ainsi, par les choix bien entendus (c'est ce qu'on appelle *la sélection*, l'amélioration *en dedans*, l'amélioration des races, des variétés des familles par elles-mêmes), poursuivre avec persistance l'ampleur croissante, le développement précoce en taille et en poids.

VI. Voilà un modeste ensemble de soins, de précautions faciles, peu dispendieuses, à la portée de tout le monde, qui suffiront souvent à transformer, en deux ou trois générations, quelqu'une de ces races indigènes aujourd'hui encore très-injustement méprisées, qui l'amèneront peut-être à toute la perfection qu'elle comporte en raison de ses aptitudes, et qu'exige le pays en raison de ses besoins.

Je dirai donc, pour conclure, je dirai à la petite et à la moyenne culture :

Conservons nos races locales partout où elles valent d'être améliorées ; conservons-les ; améliorons-les par elles-mêmes, comme le permettent déjà toutes les améliorations réalisées dans l'exploitation progressive. — Essayons du moins, essayons avant de tenter autre chose.

Nos animaux n'auront sans doute jamais, autant que quelques autres, les mérites de spécialité ; mais ils présenteront l'ensemble de ces mérites dans une moyenne suffisante. Ils pourront l'emporter par leur aptitude au travail sur les races d'engrais ; ils seront en outre suffisamment propres à l'engraissement, sans cesser de nous fournir de très-acceptables laitières.

Essayons donc, je le répète ; essayons avant d'aller, bien à tâtons, chercher fortune ailleurs.

VII. Que si une race, après une expérience complète, est jugée absolument mauvaise, si elle est dûment et définitivement condamnée, l'introduction d'une race nouvelle ou un système de croisements judicieux, pourront être une dernière ressource à tenter.

Mais dans les choix à faire, que d'incertitudes encore !

Il faudra encore ici tenir compte des qualités que possède une race en soi; mais aussi, mais surtout de l'appropriation de ces qualités aux pays et aux services demandés.

Quant aux croisements, nous pensons qu'on doit les considérer comme une opération bien délicate et dont la conduite ne peut être confiée à tout le monde.

Il y a dans cette question des principes dont il ne faut pas s'écarter, qu'il faut par conséquent bien connaître, et qui prouvent toutes les difficultés de l'entreprise en elle-même.

Ainsi on ne doit croiser que des races ayant entre elles certaines convenances, certaines affinités, certaines analogies de conformation, souvent difficiles à déterminer, et sans lesquelles pourtant leur descendance manquera de proportion et aura ce décousu, ce défaut d'harmonie qui se remarquent dans les produits des accouplements de hasard.

Les races acquérant leur caractère, la fixité, la fermeté de ce caractère, par l'ancienneté, ce sera toujours le type le plus accusé, le plus ancien par conséquent, qui agira presque exclusivement sur le produit. Si donc, de deux animaux à accoupler, le plus défectueux a cependant le plus de pureté de sang, le plus d'intégrité de race, ce sera lui qui se reproduira le plus exactement dans sa descendance; et il y aura de grosses chances pour que ses défauts soient très-imparfaitement corrigés par les qualités de l'autre auteur.

Pour que le mâle, pourvu d'ailleurs des qualités très-accentuées de race ancienne, et propre par conséquent à exercer une action prédominante dans la génération, transmette néanmoins au produit sa physionomie sans altération, il convient qu'il lui soit donné une femelle vierge de toute autre alliance, qui n'ait pas pu, par conséquent, garder dans ses organes l'empreinte et l'influence d'un premier accouplement avec un autre reproducteur.

C'est là, je le sais, une question controversable en apparence, et certainement controversée; mais l'expérience est la grande maîtresse d'école des hommes, des plus savants comme des plus ignorants; et l'expérience a prononcé.

Ces notions, la connaissance de ces principes, sont donc nécessaires; et de ceux là comme de plusieurs autres que j'omets, il faut, ainsi que je l'ai dit, tenir sérieusement compte.

Et encore, malgré toutes les précautions recommandées par les hommes et les ouvrages spéciaux qu'on doit absolument consulter en ces matières, il arrivera plus d'une fois que, dans une série de croisements, toutes les prévisions même les plus raisonnées seront complétement trompées. Il arrivera que le produit de deux animaux ayant, chacun de leur côté, des mérites très-réels, déconcertera toutes les espérances et sera sans valeur.

Aussi des maîtres très-habiles enseignent-ils qu'on ne doit jamais rechercher, dans les sujets provenant de croisements, autre chose qu'un résultat purement immédiat, qu'une amélioration purement individuelle c'est-à-dire limitée au produit direct qu'on aura obtenu du croisement.

Le métis, disent-ils, peut être un excellent animal en lui-même; il n'aura jamais que des qualités douteuses et une action incertaine comme reproducteur.

Ses qualités se retrouveront quelquefois dans deux ou trois générations après lui ; et tout à coup, sans qu'on puisse savoir pourquoi, elles disparaîtront ou se modifieront sensiblement au degré suivant.

Ces changements inexpliqués s'accusent, d'une manière bien visible même pour les moins connaisseurs, dans la robe ou la couleur de l'animal.

Au demeurant, les opérations dont nous parlons : l'achat d'étalons de prix destinés aux croisements, et bien plus encore la substitution complète d'une race étrangère à la race locale, l'introduction en masse, l'introduction directe, immédiate d'une race nouvelle, ce sont là des entreprises d'un succès douteux. Elles sont d'ailleurs trop coûteuses pour qu'on ne doive pas prémunir la petite et la moyenne culture contre la tentation de suivre, sur ce terrain, les privilégiés de la fortune et de la science agronomique.

Le cultivateur prudent à qui ses ressources limitées ne permettent pas de faire à ses dépens les grandes expériences, laissera cet honneur à de plus hardis.

Il ne se lancera dans les tentatives dispendieuses qu'après ceux qui, ayant les moyens de se consoler d'un échec, auront néanmoins réussi.

VIII. Les bêtes a laine. Des considérations de même nature s'appliquent, à peu de chose près, aux bêtes à laine.

Il y a encore ici plusieurs opérations distinctes.

Et d'abord, la spéculation du troupeau peut être envisagée sous deux aspects ; elle a deux objets principaux dont l'un exclut en partie l'autre. Ou l'on vise à la production de la viande, ou l'on vise à celle de la laine. (Je ne parle pas du profit si précieux de la fumure qui est commun aux deux industries.)

Les mêmes races ne peuvent avoir la double aptitude à un degré vraiment satisfaisant ; il faut donc opter entre les races à laine abondante et de prix, et celles qui ont la boucherie pour destination principale et directe.

Dans les pays qui avoisinent les grands marchés de consommation, il est naturel de donner tous ses soins à la production de la viande.

Dans les régions où se trouvent de grandes manufactures, et où, pour la fabrication des étoffes de laine, la matière première est recherchée et bien payée, l'effort du producteur se porte et doit se porter sur la production en quantité et l'amélioration en qualité des toisons.

Les conditions de sol et de climat dominent également ici, et peuvent déterminer les tendances du cultivateur.

Les races à laine fine demandent plus de soin, sont plus exigeantes en nourriture, et redoutent plus que les autres les rigueurs et surtout les brusques vicissitudes de la température.

Enfin, à un autre point de vue, il y a encore à distinguer, dans l'industrie du troupeau, diverses branches de spéculation.

La montagne conviendra à l'élevage.

En plaine et dans la vallée, on fera mieux d'opérer l'engraissement.

En vue de ces diverses destinations, il y a, je le répète, des races de spécialité qui ont de précieuses aptitudes.

L'Angleterre nous fournit encore, surtout pour la production de la viande, des variétés certainement très-remarquables.

Mais ce que j'ai dit de l'espèce bovine, je le dirai, à peu de chose près, du mouton.

Il y a aussi, en France, des races locales dont il serait facile et essentiellement profitable de tenter l'amélioration, par la sélection dans les accouplements, comme par la nourriture plus abondante et mieux choisie.

Je dirai donc une seconde fois au cultivateur : « Avant de tenter l'introduction et l'acclimatation de variétés nouvelles, essayez, tout au moins pendant quelques années, de transformer avantageusement les races que vous avez sous la main. »

IX. En résumé, et quelle que soit la race à laquelle on voudra donner sa préférence, la grande question c'est de bien soigner et de bien nourrir.

Le troupeau affamé qui sort de la bergerie dès le matin, avant que la rosée ne soit levée, est un troupeau que décimera certainement la pourriture.

Le troupeau qu'on se borne à entretenir strictement, et dont les bêtes ne se développent ni en taille ni en poids, consomme en pure perte sa ration d'entretien. Le surplus d'alimentation qui serait donné en excédant sur cette ration, ajouterait seul à la plus-value des animaux, et seul, par conséquent, constituerait un bénéfice.

Enfin les animaux qui souffrent de la parcimonie qu'on met à les nourrir ; ceux auxquels on refuse les suppléments de ration qu'exigent certaines périodes de leur vie, telles que l'époque de la saillie pour les béliers, l'époque de l'allaitement pour les mères, celle du sevrage pour les agneaux, déclinent loin de progresser, sont plus que les autres exposés à toutes les maladies, et ne faisant ni viande ni laine, ne produisent en outre qu'une très-chétive et très-pauvre fumure. Donc il faut bien nourrir, nourrir convenablement, nourrir abondamment.

Mais la chose, j'en conviens, n'est pas sans difficultés. Les difficultés même augmentent chaque jour et l'on s'en plaint partout. Comment donc s'y prendre?

Oui, la production, l'élève et l'engraissement du mouton deviennent d'année en année plus insuffisants pour les besoins de la consommation.

Les friches, les terres vaines, les surfaces incultes affectées au parcours, la jachère inculte ou le pacage adventice diminuent chaque jour. Chaque jour la tenue des grands troupeaux devient plus impraticable dans des pays où naguères ils vivaient largement sur le commun, par la dépaissance en terres vagues, à travers les chaumes non défendus, les pâtures non closes, et sur les vaines appartenant aux communes.

Comment faire du mouton désormais, disent les cultivateurs de tous les pays qu'étonne une transformation quelconque; comment élever, nourrir et engraisser?

Comment conserver encore cet appoint de fumure précieuse, que donnait, sans dépense de litière et sans frais de transport, le parc en plein air et le pacage?

Comment faire du mouton au moment même où, en raison de sa rareté, il se vend si cher, et où, par conséquent, il y aurait tant de profit à créer du mouton?

A ces plaintes qui frappent beaucoup de gens par leur côté spécieux, et se reproduisent sous toutes les formes en se généralisant tous les jours davantage à mesure que les défrichés se multiplient et s'étendent, il faut répondre par un fait établi sur des calculs trèspositifs. Ce fait, la statistique le démontre avec une telle évidence qu'il est bien impossible d'y contredire.

Les départements où il y a le plus de moutons, où les moutons sont les plus forts et atteignent la plus haute valeur par le poids et l'engraissement, les départements du Nord et de l'Aisne, sont précisément les deux départements où il y a le moins de terres vaines, le moins de terres incultes et le moins de jachères.

Comment, dans ces conditions, le problème de l'alimentation des plus beaux et des plus nombreux troupeaux est-il résolu pour ces régions privilégiées ?

C'est facile à expliquer et facile à comprendre.

Dans le Nord, comme dans l'Aisne, des cultures spéciales, des cultures *ad hoc*, des fourrages exclusivement destinés aux troupeaux, trouvent place chaque année dans l'assolement du domaine.

Des légumineuses de graines ou de grain, pour le pâturage d'été, des racines pour l'affourragement d'hiver, donnent au mouton le développement rapide, la mise en chair facile et l'engraissement assuré.

C'est que, pour avoir désormais un vaste et gras troupeau dans une ferme, pour avoir le triple profit de la chair, de la laine et d'un fumier exceptionnellement précieux, il faut se donner la peine de demander à la suppression de la jachère une nouvelle production de nourriture.

Un hectare de bon fourrage artificiel, en lupuline, trèfle blanc, pastel, pimprenelle, et encore sarrasin, spergule, chicorée, moutarde blanche, etc., un quart d'hectare de racines : betteraves, panais, navets, topinambours, peuvent fournir plus de nourriture et de meilleure qualité que cinquante hectares de terres vaines abandonnées au parcours.

Là est le seul remède contre les difficultés nouvelles ; là est le seul moyen de se tirer d'affaires. Qu'on y réfléchisse, on sera de mon avis. Qu'on ne l'oublie pas, on s'en trouvera bien.

X. Les Porcs. Les races porcines de la France, bien plus encore que toute autre espèce d'animaux domestiques, ont besoin d'être transformées du tout au tout.

La moins remarquable des races anglaises l'emporte en effet sur elles en qualités de tous genres, et, par le croisement, leur donnera toujours, en des proportions remarquables, la précocité de développement et l'aptitude à l'engraissement, qui leur manquent.

On ne saurait donc trop recommander à la fois, et l'introduction en masse des races anglaises, et l'amélioration des races françaises par les croisements.

Sauf de bien rares exceptions, tout croisement vaudra mieux que la conservation telle quelle des races locales.

Ajoutons que l'opération en cette matière est peu dispendieuse ; une paire de porcs anglais, introduits après un choix judicieux, réalisera la substitution désirable ; et un progrès très-réel s'accomplira de la sorte presque sans frais.

Il convient toutefois d'ajouter, avant de finir, que les races anglaises à préférer ne sont pas toujours celles que sembleraient recommander le plus les apparences.

Les plus perfectionnées, précisément en raison de leur propension excessive et quelquefois prématurée à prendre la graisse, sont plus délicates comme santé, et surtout moins fécondes. On a quelquefois bien de la peine à conserver pour cette raison les plus beaux types, les familles hors ligne.

Les variétés qui s'éloignent moins des nôtres, la race Hampshire, par exemple, d'un développement un peu moins rapide et d'un engraissement un peu moins exagéré, conservent plus invariablement peut-être leurs hautes qualités, et surtout leur grande aptitude à multiplier beaucoup.

La race Hampshire donne des sujets de taille assez volumineuse et de plus grand poids que les petites races modèles; cette condition, chez nous, plaît au commerce.

C'est donc la race Hampshire que je croirais devoir recommander particulièrement entre toutes, pour la petite et la moyenne propriété.

XI. LES CHEVAUX. La production du cheval, l'élevage considéré comme opération continue en vue d'une spéculation suivie, c'est là, à mon sens, une industrie de luxe. C'est un art; art difficile, très-controversé qui n'a jamais enrichi la petite propriété et qui souvent a fort gêné la grande.

Il importe cependant de montrer en quelques lignes les conditions d'une telle entreprise.

Elle ne peut réussir, cela est certain, qu'autant qu'elle se fait en grand; que les soins généraux et les frais d'établissement sont répartis sur un nombre suffisant de produits; en un mot, elle exige la création d'un haras; un haras, — c'est-à-dire, dans des dimensions même limitées, un capital de 15 à 20 mille francs; tout un personnel d'employés, surveillants, palefreniers, etc., des bâtiments spéciaux, des parcs, des enclos, toute une création faite exprès.

Si cette manière d'apprécier l'élève en grand du

cheval est juste, comme je le crois, on voit combien l'agriculture du plus grand nombre est et doit rester étrangère à une si grosse question.

J'admets sans doute, que dans les pays où les travaux de la terre se font avec des chevaux, dans les fermes qui ont de quatre à huit juments comme on a ailleurs de trois à cinq paires de bœufs, il soit tout naturel et tout indiqué de demander à la production des poulains une compensation des dépenses de l'attelage, et surtout de la dépréciation constante que chaque année fait subir aux juments de labour.

La production des poulains est donc ici une opération qui ressort de la nature même des choses.

Mais toute convenable, toute rationnelle en de certaines circonstances, tout avantageuse en certains pays que puisse être la spéculation d'élevage ainsi comprise, on se rend encore facilement compte que les pays où le travail se fait à l'aide des cornes, ne peuvent pas prétendre à cette production même sagement limitée.

Avoir cinq ou six juments qui ne seront pas toutes employées aux travaux des champs, avoir un certain nombre de poulains qu'on n'utilisera pas dès l'âge de dix-huit mois ou de deux ans, comme on les utilise dans la Brie, dans la Beauce, et dans certaines parties de la Normandie, à former des attelages pour la herse, pour le rouleau, et bientôt même pour la charrue, affecter en un mot à la production chevaline des mères qui ne payeraient leurs dépenses que par leur poulain, ce serait, on en conviendra, exposer beaucoup de frais en vue d'un résultat certainement insuffisant.

J'admets, néanmoins encore que, même dans les

pays où les bœufs exécutent les labours, il soit utile et bon d'avoir pour les charrois, pour les hersages, et les autres façons qui demandent à être exécutées prestement, deux, trois et quelquefois quatre juments à mettre au collier ; tout au moins, le fermier aura-t-il sa monture, ou la modeste bête de trait qui doit traîner sa carriole au marché. Il y a, dès lors, il y a là, pour toute ferme, une occasion naturelle et qu'on aurait grand tort de négliger, d'élever un ou quelques poulains ; et à ce sujet il ne me semble pas inutile de donner ici quelques conseils propres, selon moi, à rendre l'opération aussi avantageuse que possible, pour qui voudra l'essayer.

XII. Et d'abord quel est, quel doit être, ici comme partout, le but exclusif du producteur agricole ?

On ne lui demandera pas, il faut bien l'espérer, de pratiquer une industrie, pour le plus grand bien, pour l'amélioration générale de cette industrie. En agriculture, le véritable intérêt public, c'est la collection la plus étendue d'intérêts individuels. Ainsi, il est bien entendu que, dans la question chevaline, le producteur agricole n'a pas à s'occuper directement de ce qui touche à la force militaire du pays. On n'exige pas de lui qu'il se préoccupe des besoins de notre cavalerie. Il a le droit de songer avant tout aux chances de profits et pertes que telle ou telle spéculation, tel ou tel mode ou système d'élevage pourra lui donner. Cheval de selle, de charrette ou de somme, tout est bon à l'agriculteur, si l'agriculteur y gagne, si sa jument lui fait un bon travail et un beau poulain ; si, au lieu d'en être réduit à acheter sa propre monture au marché, il vend tous les ans au marché un produit qu'on recherche et qui soit bien payé...

L'homme d'État, l'économiste peuvent avoir un point de vue plus élevé ; le producteur vise simplement au profit ; il veut faire de l'argent, — et il a raison.

Avec ce but très-sage devant les yeux, que devra-t-il faire ?

Il devra certainement se garder de toute prétention et de tout effort qui dépasserait ses forces ; il ne visera pas à des résultats trop ambitieux pour lui ; il ne visera pas à une transformation de race ; mais par le choix intelligent d'étalons rustiques, il poursuivra simplement l'amélioration progressive de l'une de nos bonnes races françaises. Il recherchera l'amélioration dans la forme et l'accroissement de la vigueur. Il ne renoncera pas au cheval de trait ou de demi-trait nécessaire à la ferme, et qui, d'ailleurs, a un cours régulier, une vente facile sur tous les marchés, pour fabriquer par fantaisie pure le cheval fin, le cheval de luxe, dispendieux, inutile et si souvent invendable.

Ce qu'il faut en général en France, aux quatre cinquièmes de la consommation, ce qu'il faut notamment à l'agriculture, c'est le cheval à deux fins, de moyenne taille, de vitesse suffisante et surtout de longue résistance. Le cheval qui peut s'atteler à la charrue, au tombereau, à la charrette, et qui, néanmoins, sans exagération, sans tours de force, n'est pas incapable d'un trot vigoureux, c'est le cheval élégant encore dans sa forme robuste, qui, il y a vingt ans, avant la généralisation des voies de fer, de la poste des environs de Paris avait passé aux diligences sur toutes les routes rapides et bien servies. Ce précieux modèle convient également à la poste, à la diligence, au roulage accéléré, au fermier, au commerçant voyageur, à l'artillerie et au train. Ses produits les plus légers et les plus élancés monteraient parfaitement la gendarmerie et plusieurs corps de cavalerie de ligne; dans les sujets de premier choix, on peut même trouver de beaux, et surtout de bons attelages.

Ce portrait, tout le monde l'a reconnu, c'est celui du PERCHERON léger, ou du BRETON amélioré, deux familles si voisines l'une de l'autre, déjà excellentes et susceptibles encore de gagner en élégance comme en rapidité.

Si nous mentionnons maintenant les POITEVINS et les ARDENNAIS, nous aurons indiqué en quelques lignes des races indigènes, pleines de qualités et de fonds, pouvant, nous le croyons, répondre à tous les besoins de l'agriculture française et de la consommation la plus générale.

Voilà ce qu'il fallait dire en peu de mots aux cultivateurs français, au fermier, au paysan qu'on a trop souvent voulu pousser dans une voie toute différente, pleine de déceptions et de mécomptes. Jamais, en effet, le cheval fin, le cheval exclusivement destiné à la remonte, ne réussira chez le paysan qu'à des prix de revient supérieurs, et de beaucoup supérieurs aux prix de vente. Et combien de fois réussira-t-il? Combien de fois sera-t-il traité comme il faudrait qu'il le fût pour venir à bien? Une fois sur cent peut-être. Or, si on a eu tort de le faire naître, on aura raison de ne pas faire pour lui les frais qu'il exigerait, car il ne les payera pas.

Que la ferme reste donc fidèle au cheval commun, au cheval de ferme, graduellement amélioré par un beau choix de reproducteurs. Là est le profit pour l'éleveur, là le succès sans difficultés et sans incertitudes, dès que l'éleveur, pourvu de bonnes juments servies par un étalon bien choisi, consentira encore ici : à bien nourrir, à bien entretenir, à loger convenablement, et à panser avec quelque soin — le père, — la mère — et le produit.

XIII. DU TRAVAIL DES BOEUFS COMPARÉ A CELUI DES CHEVAUX. Pour en finir avec ces aperçus rapides sur l'importante question des bestiaux, il nous semble utile maintenant de dire encore quelques mots relativement à la valeur comparative des bœufs et des chevaux, considérés comme instruments du travail agricole.

Ici la question devient évidemment délicate, chacun devant se conformer, dans une certaine mesure, aux habitudes du pays où il cultive, dans la mesure, veux-je dire, où ces habitudes seraient le résultat naturel et rationnel des besoins, des nécessités, de toutes les conditions spéciales enfin du pays lui-même.

Je pense toutefois que partout où il n'y aura pas une raison bien manifeste d'adopter le travail des chevaux comme une nécessité locale, partout où l'un et l'autre système seront également admis, partout enfin où le cultivateur commençant une œuvre nouvelle pourra organiser sa ferme suivant son inspiration personnelle, bien des motifs sembleront militer en faveur du travail par les bœufs.

J'ai parlé, il n'y a qu'un instant, de la dépréciation constante que chaque année fait infailliblement subir au cheval de labour adulte. Du jour où il cesse de gagner en taille, en force, et par conséquent en valeur vénale, il a tout contre lui, les ans qu'il va prendre, la détérioration des formes, la lourdeur et le ralentissement des allures, en un mot les accidents de tout genre qui peuvent et doivent plus ou moins survenir.

Pour les bœufs, il en va tout autrement. Des bœufs

bien soignés, bien nourris, prudemment conduits et ménagés à propos, gagnent tout en prenant de l'âge, gagnent en taille, en chair, en poids, en raison même de ce qu'ils consomment, en raison même des repos forcés que les saisons et parfois les accidents leur imposent.

Si un bœuf estropié vaut encore quelquefois le double de ce qu'il a coûté, il n'en est pas de même, cela est évident, des attelages de chevaux, qui représentent un capital décroissant toujours, et ne peuvent, je l'ai déjà dit, offrir pour cette infériorité d'autres compensations que le produit des poulinières.

Je sais que certains agronomes professent que le travail d'une paire de chevaux est au travail d'une paire de bœufs comme cinq est à trois.

S'il en est ainsi quelque part, ce n'est certainement pas partout; ce n'est certainement pas dans les pays pentueux, montueux, pierreux, ni dans les terrains très-forts, très-difficiles, qui demandent dans les attelages force, courage et patience.

En résumé, de deux ans à huit ans, les bœufs gagnent largement leur nourriture par le travail, tout en prenant de la valeur par une préparation graduelle à l'engraissement.

Depuis l'âge de quatre ans jusqu'à la fin de leur vie, les chevaux vont se dépréciant sans cesse et passant d'une valeur de 1,000 francs à une valeur de 10 francs, que l'équarrisseur hésite quelquefois à payer.

Je crois donc sage de préférer les bœufs aux chevaux, du moins pour les forts labours.

XV

LA MACHINERIE AGRICOLE

Perfectionnement et simplification des travaux de main-d'œuvre.

I. Personne n'ignore que, depuis plusieurs années déjà, l'un des grands soucis du cultivateur, le plus grand peut-être, un souci qui ne semble pas devoir diminuer de longtemps, c'est la cherté toujours croissante de la main-d'œuvre.

Les bras manquent à l'agriculture; le *prix de revient*, c'est-à-dire ce que coûte chaque chose à produire, augmente ainsi précisément au moment où des circonstances qu'il faut savoir subir, forcent le producteur français à vendre ses grains moins avantageusement qu'il ne s'était habitué depuis plusieurs années à le faire.

Ces difficultés du présent sont-elles une raison de se décourager? Ne faut-il pas y trouver bien au contraire un motif de redoubler d'efforts ? Ne faut-il pas demander aux progrès de tous genres, dont l'industrie rurale a si impérieusement besoin, le moyen de produire à prix réduits ce qu'on ne peut plus espérer de vendre aussi cher qu'autrefois? Ne faut-il pas enfin se mettre en mesure de soutenir sans trop d'infériorité, et s'il se peut avec les bonnes chances pour soi, la lutte contre la production étrangère ?

A quelque chose malheur est bon. La crise que traverse l'agriculture française doit être bonne à quelque chose ; elle doit avoir son bon côté, — elle l'aura...

Jamais on n'aura plus généralement senti la nécessité de *mieux faire;* jamais on n'aura plus généralement compris l'obligation de s'affranchir du servage honteux où la routine et l'ignorance ont retenu trop longtemps le plus grand nombre des hommes voués au travail de la terre.

Au point de vue qui nous occupe en ce moment, au point de vue de la main-d'œuvre et de sa rareté, l'avilissement du prix des céréales a ouvert les yeux des moins clairvoyants.

Les bras manquent à l'agriculture, avons-nous dit ; et tandis que les récoltes de tout genre, pour donner des produits suffisamment rémunérateurs en raison des quantités obtenues, exigeraient des soins plus assidus, des façons plus irréprochables et plus nombreuses, à peine si le strict nécessaire des travaux en gros peut s'exécuter en temps opportun.

Mais une heureuse compensation se manifestera peut-être bientôt. Il se trouve, en même temps, que la mécanique agricole, stimulée par les besoins impérieux du moment, encouragée surtout par les expositions et les concours, a multiplié les instruments perfectionnés et les machines nouvelles.

Partout donc où le capital d'exploitation ne fait pas complétement défaut, dans toutes les régions où la nécessité d'une transformation même lente, mais rationnelle et progressive, aura été bien comprise, l'un des résultats avantageux de la crise actuelle sera de faire entrer dans la véritable pratique, dans une pratique générale, quelques instruments améliorés, quelques machines d'une utilité bien démontrée.

II. Nous l'avons déjà indiqué, augmenter la quantité des produits de manière à répondre aux besoins impérieux de la consommation, et diminuer par le progrès agronomique les frais de la production; concilier ainsi les intérêts des populations ouvrières qui vivent d'un salaire quotidien, et l'intérêt également respectable de tous les producteurs agricoles qui sont les artisans de la nourriture de tous, tel est plus que jamais aujourd'hui le problème important de l'agriculture.

Eh bien, l'introduction graduelle des instruments perfectionnés et des appareils mécaniques dans les exploitations rurales, est l'un des principaux moyens d'action à l'aide desquels on puisse atteindre le but que nous indiquons.

Dans les régions de l'industrie, dans le monde manufacturier, les chances de déplacement et de chômage que l'introduction d'un nouveau système mécanique apporte infailliblement, méritent à coup sûr qu'on leur prête une attention pleine de sollicitude, et peuvent même avoir des dangers momentanés. Mais, au moment où nous sommes, il ne saurait en être ainsi dans l'agriculture française; et si le besoin des machines existe plus que jamais, jamais les innovations sous ce rapport n'auront eu moins d'inconvénients, jamais elles n'auront été plus opportunes à tous les points de vue.

La terre ne fait pas en ce moment défaut à l'activité de l'homme; ce sont bien au contraire les bras qui manquent à la terre. Les façons utiles, les améliorations fructueuses que peut accomplir le travail humain, les défoncements, les bêchages, le drainage, la recherche, la conduite et l'aménagement des eaux, les irrigations d'une part, les rassainissements, les asséchements d'autre part , sont bien loin d'avoir porté partout le sol à son *maximum* de valeur et de productivité.

L'exploitation des amendements et les nombreuses manipulations qu'exigeraient la bonne confection et l'épandage des engrais ne réaliseront pas de longtemps partout les merveilles de production que pourrait leur demander une main-d'œuvre active et abondante, et que quelques pays privilégiés nous offrent seuls comme le modèle, comme le spécimen encourageant d'une culture avancée. Les œuvres de progrès agricole, en un mot, ne sont pas, tant s'en faut, sur le point de manquer à l'ouvrier ; et si les chômages existent encore quelque part, c'est la gêne, c'est la pénurie de capital qu'il en faut accuser, sans qu'on puisse croire pour cela que tout ce qu'il y aurait de bon à faire est déjà fait.

A peine, nous le répétons, si l'indispensable nécessaire du travail s'exécute, tant bien que mal, dans la grande majorité des cultures.

Et les bras, qui accomplissent bien imparfaitement encore ces indispensables travaux, auraient trois fois, dix fois, vingt fois peut-être, autant de forces actives à dépenser fructueusement sur les mêmes surfaces.

Donc, en de telles conditions, toutes les fois qu'il sera possible de simplifier, de rendre moins dispendieuse et surtout plus rapide l'une des opérations multiples qu'exige une bonne culture, il faudra regarder comme un véritable et incontestable progrès l'instrument ou la machine qui permettra d'accomplir une transformation si justement désirable.

III. Mais ici se présente un écueil.

S'il y a des hommes routiniers, trop parcimonieux, rebelles à toute innovation, qui se cabrent à toute idée de dépense inusitée, même la plus utile; s'il y a des cultivateurs arriérés que toute nouveauté effarouche parce que c'est une nouveauté, parce que leurs anciens n'en ont jamais ouï parler, il y a d'autres gens d'une disposition plus fâcheuse encore. Il y a ceux que toute invention, si extravagante qu'elle puisse être, séduit, charme et conquiert. Ceux-là sont empaumés du premier coup. Ils ne manqueront jamais de faire à leurs dépens, de, faire à tout prix, à très-chers deniers, s'il le faut, l'essai de chaque machine dont on leur aura promis des merveilles. Il suffira, pour qu'il en soit ainsi, qu'un *prospectus*, toujours prodigue des plus pompeux éloges, et qu'un dessin, toujours très-beau sur le papier, leur aient monté la tête et charmé la vue.

Ce sont là deux excès qu'il faut également éviter.

Il faut tenir les yeux ouverts avec intérêt sur toutes les inventions nouvelles; mais il faut aussi s'en méfier un peu. En bonne règle, celui qui n'a pas d'argent de trop, doit s'arranger de manière à ne jamais faire un premier essai à ses frais. Il faut laisser aux millionnaires l'honneur et le plaisir d'avoir les premiers patronné et introduit dans leurs cultures les instruments nouveaux. Celui qui n'est pas millionnaire et qui s'est imposé la prudence, n'achètera jamais un engin d'un système encore inconnu, sans l'avoir vu chez le voisin ou ailleurs, et sans l'avoir expérimenté lui-même. Bien plus, il ne l'introduira dans sa ferme, il ne le livrera aux mains de serviteurs souvent inhabiles et quelquefois mal disposés pour les instruments dont ils n'ont pas l'habitude, qu'après avoir appris lui-même à s'en servir. Heureux encore, malgré toutes ces précautions, si l'outil qui a très-bien fonctionné ailleurs, trouve chez lui des conditions tout à fait identiques, quant à la nature, à la conformation et à la préparation du sol, et ne se-comporte pas autrement que sur le champ où la première expérimentation s'est faite.

Ces recommandations pourront bien paraître inutiles à quelqu'un ; et pourtant, dans combien de fermes ne voit-on pas sous quelque hangar une sorte de musée d'instruments au rebut, neufs, et néanmoins bien souvent écloppés, qui n'ont jamais servi, ou n'ont servi qu'une seule fois, que les domestiques n'ont pas su faire marcher ou qu'ils ont brisé du premier coup par maladresse, tout en restant bien convaincus -que l'instrument a tort, et non pas eux.

Or, il y a là un résultat doublement fâcheux, doublement regrettable. D'une part, dépenses inutiles, ruineuses, si elles se renouvellent fréquemment ; d'autre part, discrédit funeste jeté sur toutes les nouveautés, même sur celles dont le besoin est le plus manifeste, et dont une agriculture en progrès ne saurait se passer.

IV. Il nous semble donc maintenant opportun de jeter un rapide coup d'œil sur l'ensemble de la machinerie agricole, telle qu'elle s'est constituée, dans ces dernières années, sous la pression de la nécessité, et grâce surtout à l'émulation féconde suscitée par l'heureuse création des grands concours.

On juge bien d'ailleurs que, dans ce rapide aperçu, nous nous attacherons surtout à ce qui est particulièrement usuel et pratique, à ce qui sera par conséquent abordable, accessible, à ce qui ne serait pas trop onéreux pour le plus grand nombre.

Plein de cette idée, nous devrions peut-être nous borner à mentionner, simplement pour mémoire, les grands et énergiques instruments de labour par la vapeur.

On voit les essais de charrues, de piocheuses, de défonceuses à vapeur se renouveler tous les ans ; mais le succès reste plus ou moins contestable encore, au moins en France. Néanmoins, convaincu comme je le suis que ces puissantes inventions finiront par réussir pleinement, qu'elles sont peut-être même à la veille de réussir, je pense que l'agriculture progressive a tout intérêt à ne pas ignorer absolument où elles en sont aujourd'hui.

Et d'abord, en Angleterre, le labourage à vapeur a déjà gain de cause complet.

Dans le principe, on opérait surtout par association ; ou c'étaient des entrepreneurs qui prenaient du travail à la tâche chez divers propriétaires. Aujourd'hui, il est peu de très-grandes fermes qui n'aient leur locomotive mettant en mouvement un engin de labour.

Le système dit de Howard, plus ou moins modifié suivant les régions, paraît le plus généralement adopté.

Dans des terres convenablement tenues, qui ont été déjà défoncées et suffisamment expurgées de pierres, de grosses racines, etc., on arriverait à labourer très-pratiquement, c'est-à-dire d'une manière continue, de 3 à 4 hectares par jour. Ceci est déjà un résultat considérable.

En France nous n'en sommes pas encore là. Cependant, à côté des charrues à vapeur, d'origine anglaise, des fabricants français sont entrés résolûment en concours.

L'appareil de M. Lotz aîné, de Nantes, semble pénétrer déjà dans la pratique; et ce constructeur entreprend, à ce qu'il paraît, chez les grands propriétaires de la région, des labours à façon dont on serait généralement satisfait.

M. le marquis de Poncins, dans le Forez, a également modifié le système Howard pour obtenir, d'un engin excessivement puissant, un travail de défoncement qui pût convenir dans les plaines mal assainies de sa région.

Il s'agit en effet de déchirer, à une profondeur variable dans le sous-sol, ce qu'on appelle l'*alios* dans les Landes; c'est-à-dire une sorte de mâchefer aggluliné, formant un béton naturel d'une extrême dureté, impénétrable à l'eau, et inattaquable par les labours ordinaires.

Nous avons vu l'engin, manœuvré sous la direction de M. de Poncins, accomplir à la satisfaction générale le travail demandé : toutefois il paraît difficile qu'il n'y ait pas souvent, dans une opération de ce genre, des échecs de diverse nature, et surtout des fractures fréquentes de l'instrument; nous nous garderions bien, en conséquence, d'affirmer que le problème soit définitivement résolu.

Mais si les essais sont à continuer encore, si les études des hommes spéciaux doivent poursuivre des perfectionnements non réalisés jusqu'à ce jour, nous croyons pouvoir répéter qu'il y a tout lieu d'espérer qu'avant peu le labourage à vapeur sera exécuté, même en France, de manière à rendre de très-sérieux services et à laisser bien peu de chose à désirer.

Même alors, nous le savons, ce secours puissant ne sera pas à la portée du grand nombre ; nous ne con-

seillerons, pour notre part, à personne en particulier
d'introduire le premier le labourage à vapeur dans
sa ferme. On comprend néanmoins que, l'expérimentation suffisamment faite, des associations régionales
ou de hardis entrepreneurs puissent porter successivement de domaine en domaine le véritable instru-.
ment des labours rapides et profonds.

Le labourage à la vapeur n'aura pas, en effet, pour
seul avantage d'être, en de certaines conditions, plus
ou moins économique. Le principal mérite que nous
voyons à ce procédé, c'est surtout d'exécuter vite et
au moment opportun les travaux urgents.

Quel est le cultivateur qui puisse se flatter d'être
jamais en avance pour ses labours, d'arriver même à
point, et d'avoir fait jamais, dans cet ordre de travaux, tout ce qu'il aurait dû, tout ce qu'il aurait voulu
faire?

L'association communale ou autre, qui aura organisé le labourage à la vapeur, pourra mettre ses associés à même de n'avoir plus ni labours imparfaits,
ni labours insuffisants et tardifs.

Cette question épuisée, nous aurions à examiner la
valeur comparative des divers systèmes de charrues
pour labours ordinaires ; mais nous l'avons déjà dit,
c'est là surtout, à notre sens, une question d'expérimentation locale. Nous pouvons d'ailleurs renvoyer
au chapitre où nous avons traité du labour et des
instruments spéciaux destinés aux labours profonds.

V. Passant aux autres engins de culture, à ce qu'on
appelle les instruments du travail extérieur, nous
voudrions maintenant préciser ce qui nous semble
constituer le strict nécessaire de toute ferme en bonne
voie. Ce strict nécessaire, tel que nous le comprenons,

ne sera ni bien considérable par le nombre, ni bien effrayant par le prix. Nous voulons nous borner à un *minimum* qui ne puisse effaroucher personne, et qui paraisse à la portée de toutes les bourses; mais ce sera, nous croyons pouvoir le dire, un *minimum* indispensable à toute bonne culture.

Après le labour proprement dit, les façons les plus essentielles sont celles qui consistent à nettoyer, diviser, *scarifier*, aérer, pulvériser, niveler, rasseoir et plomber le sol, à biner, entrefouir et butter les récoltes en lignes.

L'EXTIRPATEUR, le SCARIFICATEUR, les diverses HERSES, les divers ROULEAUX, la HOUE A CHEVAL et le BUTTOIR, suffisent à ces diverses fonctions. Reste seulement à faire un bon choix.

L'EXTIRPATEUR, parmi les instruments de ce genre, est un outil dont il n'est pas permis de se passer. En général, et quel que soit le modèle, il peut, par un changement de pieds ou de socs, se transformer presque instantanément en scarificateur ou en herse vigoureuse.

L'extirpateur *Coleman*, l'extirpateur *Dombasle*, fabriqué à Nancy, le scarificateur *Varlier*, parfaitement construit dans la fabrique de M. *Peltier*, exécutent dans l'ordre des opérations auxquelles ils sont destinés, un travail qui ne laisse rien à désirer. Le dernier de ces instruments est remarquable par son bon marché relatif (le prix varie, suivant les forces, de 170 à 200 fr.).

Les premiers, plus lourds, moins maniables, exigent plus de tirage, conviennent dans des terres très-fortes ou pierreuses, où leur solidité peut résister à de rudes épreuves.

L'extirpateur, tel qu'il soit, fait généralement bien tous les déchaumages, et donne des secondes façons précieuses, rapides, qu'il est facile, par conséquent, de multiplier; il enfouit très-utilement, sur les premiers labours, les engrais pulvérulents, le chaulage, la fumure du parc; il attaque énergiquement, et au moment opportun, au moment où elles sont faciles à détruire, les mauvaises herbes qui viennent de lever et qu'il faut avoir si grand soin de ne pas laisser grainer, ni même fleurir sur le guéret. Enfin, il recouvre très-suffisamment une foule de semences, notamment les céréales d'automne et de printemps. En somme, une ferme sans *extirpateur* me paraît bien fâcheusement dépourvue.

Les HERSES ont pour fonction d'exécuter, mais avec une bien moindre énergie, plusieurs des travaux que nous venons d'énumérer au compte de l'extirpateur.

La herse pulvérise le sol, détruit les plantes adventices dès leur premier germe, recouvre les semences légères, celles des navets, des colzas, des fourrages artificiels ; elle enfouit même convenablement en terre meuble et légère les céréales, surtout les céréales de printemps. La herse sert ensuite à donner une façon bien utile, et qu'on ne saurait trop recommander, pour les récoltes qui commencent leur tallage.

Elle entrefouit très à propos à ce moment les plantes de blé, d'avoine, etc., dont la tige est prête à partir, dont le *canon* est prêt à se former.

On se trouve également bien de herser les navets lorsqu'ils ont développé des feuilles de huit à dix centimètres, les maïs et les pommes de terre qui atteignent quinze ou vingt centimètres.

Enfin, sur les prairies artificielles de longue durée,

sur la luzerne ou l'esparcette, sur les prairies de graminées où l'on veut détruire les mousses et aérer la motte, sur celles où on sème des engrais pulvérulents qu'il faut aider à pénétrer dans le sol, un vigoureux coup de herse au printemps fait merveille ; et cette pratique trop peu usitée ne saurait être trop recommandée.

Les bonnes herses sont nombreuses. La herse dite articulée, en zig zag (système de Howard), toute en fer, nous paraît convenir, plus que toute autre peut-être, partout et dans les conditions les plus diverses. Elle se conforme, pour ainsi dire, à toutes les ondulations du sol, et se prête, par conséquent, à toutes les formes de labour.

On connaît également comme d'excellents instruments la herse norwégienne, la herse Valcourt, bien préférable aux herses triangulaires ; enfin j'ai entendu recommander comme un excellent petit instrument à bon marché, la herse Dervaux.

Les ROULEAUX les plus simples et les plus imparfaits peuvent rendre encore de précieux services.

Mais si on demande au roulage de briser, d'émietter, d'écraser les mottes, et de pulvériser la terre, en même temps que de la niveler, de la tasser, et de la plomber, il faut nécessairement que le rouleau soit denté.

L'instrument de ce genre le plus usité en Angleterre, est le grand rouleau Croskill. On ne peut lui reprocher que d'être très-lourd et très-cher ; à ces deux titres, il est bien des circonstances où on lui préférerait un outil plus facile à manœuvrer et moins onéreux à acheter.

Pour répondre à des besoins plus généraux, un constructeur habile, M. Legendre, de Saint-Jean-d'Angely, a fabriqué un diminutif du rouleau Croskill qui fait certainement encore un bon travail et coûte beaucoup moins cher (de 250 à 300 fr.).

On a également recommandé à bon droit, pour la petite et moyenne culture, le rouleau Derrien, qui rappelle le rouleau squelette de Dombasle, mais nous semble encore d'un emploi plus facile et plus usuel, grâce aux perfectionnements dont il a été l'objet.

L'un des avantages que nous trouvons à ce modèle, c'est qu'on peut en augmenter le poids à volonté, en chargeant plus ou moins la caisse qui le surmonte.

Cette caisse devient, en outre, une provocation précieuse et un bon conseil pour l'ouvrier qui exécute le roulage, si elle lui donne l'idée de lever au passage les pierres éparses qu'il rencontre dans le champ.

La HOUE A CHEVAL et le BUTTOIR ont pour fonction de remplacer, pour une large part de travail, les façons à la houe à main qu'exigent les récoltes sarclées. Pour diminuer les frais de main-d'œuvre dans ces cultures, il faut donc pouvoir y introduire les instruments traînés par les animaux, et par conséquent, il faut avoir adopté préalablement l'ensemencement en ligne. Les bons semoirs sont nombreux, mais fort chers pour la plupart.

Le petit semoir Bodin me paraît convenir à la petite et à la moyenne culture, et ne coûte guère que de 75 à 80 fr.

Certes, pour les façons qui jusqu'à présent s'exécutaient généralement à la main, l'instrument conduit par les animaux ne suppléera jamais qu'à demi l'instrument à bras d'homme.

Mais si de trois façons nécessaires l'instrument nouveau en exécute deux, et cela à des prix incomparablement moindres, il en résulte une économie d'autant plus désirable, que souvent, à des prix même très-élevés, on ne peut se procurer au moment opportun les bras nécessaires.

Il s'agit donc, non pas seulement de faire à meilleur marché, mais de faire ce qui serait souvent impossible sans les instruments nouveaux.

Le semoir, la houe à cheval et le buttoir sont dès lors indispensables.

Ces trois instruments complètent la nomenclature de ceux que nous avons désignés comme formant le strict nécessaire de l'outillage, dans une exploitation que domine la pensée de progrès.

Ces divers engins, de systèmes également bons, sont fabriqués à Nancy, chez M. de Mexmoron-Dombasle; chez M. Bodin, de Rennes (dépôt chez M. Peltier jeune); chez M. Gustave-Hamoir; à Grignon, etc.

VI. Voilà pour les travaux d'extérieur et de culture proprement dite, travaux qui concourent à la bonne préparation du sol et à la bonne tenue des plantes en terre.

D'autres instruments d'invention nouvelle, rares encore dans la généralité des exploitations, et dont, à mon avis, on peut encore se passer plus facilement, ont pour objet la récolte et l'ameublissement des produits.

Je veux parler ici des MOISSONNEUSES, des FAUCHEUSES, des FANEUSES, des RATEAUX A CHEVAL.

En France les moissonneuses n'ont eu jusqu'à ce jour que des succès limités, et qui restent par conséquent douteux. Si quelques propriétaires s'en servent d'une manière continue depuis trois ou quatre années, combien d'autres les ont essayées, abandonnées, reprises et abandonnées encore. Il est évident qu'elles sont loin de surmonter toutes les difficultés, de fonctionner dans toutes les conditions d'une manière toujours satisfaisante. Et si le problème paraît complétement résolu dans l'atelier du constructeur, c'est-à-dire en théorie, il n'en est pas tout à fait de même sur le champ plus exigeant de la pratique.

En Angleterre cependant, et surtout aux États-Unis, les machines triomphent ; elles exécutent le travail des moissons sur d'immenses étendues, sans laisser trop à désirer.

Mais les Anglais sont autrement habiles que nous à manœuvrer les machines ; et les Américains, procédant en culture sur des ténements presque illimités, attachent bien moins d'importance à la perfection du travail ; l'ameublissement soigneux et sans déperdition, de toute la récolte, les préoccupe moins que la rapidité et l'économie relative de l'opération. Il leur importe, en un mot, bien plus de faire, en gros et médiocrement, beaucoup de besogne, que de faire cette besogne d'une manière irréprochable, mais lentement et dispendieusement.

En France, je le répète, en moissonnant nous tenons à ne rien laisser perdre, à recueillir le plus médiocre épi de notre blé. Si nous avons raison d'en agir ainsi, il faudra donc attendre que les *moissonneuses* aient encore reçu quelques perfectionnements de plus. Je me hâte d'ajouter que ces perfectionnements vont certainement venir ; peut-être au moment où j'écris existent-ils déjà ; et, dans tous les cas, l'exposition universelle de 1867, dont l'échéance est si prochaine, résoudra j'en suis convaincu toutes les difficultés que rencontre encore la bonne exécution de la moisson des céréales par les machines. Les plus prudents doivent patienter encore jusque-là. Mais tout cultivateur intelligent peut, dès à présent, avoir les yeux ouverts sur la question des *moissonneuses,* bien certain qu'il doit être de voir bientôt le problème résolu de manière à satisfaire les plus difficiles.

Pour les FAUCHEUSES, la question est déjà plus avancée; beaucoup de *moissonneuses* étant en même temps des *faucheuses,* toutes en général fauchent mieux qu'elles ne moissonnent. La raison en est facile à saisir : l'opération du sciage des blés se complique de celle du javelage ; et la javelle à former, constitue une difficulté dont les moissonneuses n'ont qu'imparfaitement triomphé ; de plus, le jeu de la machine, pour peu qu'il soit violent, saccadé, brutal, si on peut le dire, fait égrainer les épis les plus mûrs.

Ces inconvénients n'existent pas dans la fauchaison. Aussi les faucheuses donnent-t-elles des résultats satisfaisants sur les prairies artificielles particulièrement, et encore sur les prés ordinaires qui ne sont ni trop mouillés ni trop accidentés, où l'herbe suffisamment épaisse reste droite et d'une rigidité moyenne. Sur les herbages très-longs, versés, emmélés, ou la motte est grasse et le sol inégal, les faucheuses, on le conçoit, fonctionnent moins bien.

Dans un grand domaine, où les prairies artificielles et naturelles occupent des surfaces planes et suffisamment unies, une faucheuse, désormais, trouvera utilement sa place. — Nous avons vu la moissonneuse-faucheuse dite de Wood, perfectionnée par M. Peltier, faucher parfaitement de belles luzernes et des trèfles épais non versés.

On peut dire des FANEUSES et des RATEAUX A CHEVAL,

à peu près ce que nous venons de dire des faucheuses,
si ce n'est que la faneuse ne saurait convenir pour les
fourrages artificiels dont elle briserait trop les tiges et
ferait perdre les feuilles. — Sur les prairies moyennes
planes, unies, où le fourrage n'est ni trop long ni trop
emmêlé, faneuses et râteaux à cheval fonctionnent bien.

VII. Il nous reste maintenant à étudier en quelques
mots les machines et instruments d'intérieur qui
servent à la transformation des produits, à leur appropriation pour la vente ou pour la consommation
directe.

Il s'agit donc principalement, ici, du battage des
récoltes, de la mouture des grains et de la préparation
des nourritures.

LES BATTEUSES. Avec les instruments que nous avons
désignés comme constituant l'outillage de culture proprement dite, avec les *extirpateurs*, les *herses*, les *houes
à cheval*, etc.; les *batteuses* sont l'engin agricole dont
l'introduction nous paraît le plus immédiatement
désirable, même dans les exploitations secondaires,
où le capital limité force à marcher bien à petits pas
sur le chemin du progrès.

En effet, l'utilité des machines à battre et la perfection relative avec laquelle elles exécutent le travail
qui leur est demandé, ne font plus question aujour-
d'hui. Quelles qu'aient été, au début, les critiques de
détail contre tels ou tels systèmes, il est désormais
reconnu qu'il y a dans le dépiquage mécanique toute
une heureuse révolution.

Après les grandes et très-coûteuses machines anglaises exigeant une force de vapeur considérable, et
dont nous sommes dispensé de parler longuement,
parce qu'elles n'auront pas de longtemps accès en

France dans les moyennes exploitations, il y a les batteuses à manége, dont plusieurs systèmes sont connus à peu près partout, et répondent aux besoins les plus généraux.

Nous ne pouvons avoir la prétention d'établir ici d'une façon absolue la valeur comparative de chacun de ces systèmes; nous ne prétendons même pas à mentionner toutes les machines qui mériteraient d'être recommandées; nous devons nous taire sur celles que nous n'avons pu voir fonctionner dans des expériences sérieuses. On voudra donc ne point oublier qu'il peut y avoir de très-bonnes batteuses parmi celles que nous passons sous silence; mais celles que nous mentionnerons, nous les avons vues à l'œuvre, et c'est pour cela que nous ne craignons pas d'affirmer leur mérite.

Les machines à manége, comme les machines à vapeur, se divisent en deux catégories distinctes :

Les unes s'alimentent par bout, les autres reçoivent la paille en travers.

Les premières, quel que soit d'ailleurs le système de construction, font toujours beaucoup plus de travail;

Les secondes, malgré cela, sont souvent préférées, parce qu'elles ne brisent que très peu de paille ou la brisent même moins que le battage au fléau.

Sauf les circonstances peu nombreuses où on aura des raisons exceptionnelles de livrer une partie de ses pailles à la vente, nous ne voyons pas bien quel avantage on trouve à conserver la paille entière. La paille rompue est manifestement préférable pour l'alimentation du bétail; et, de même pour la litière, elle boit mieux, elle absorbe plus complétement l'engrais, les déjections plus ou moins liquides des animaux. Il est vrai que, pour qu'il n'y ait pas déperdition de débris, il faut prendre quelques précautions de plus; mais le battage, plus expéditif, compense bien, et au delà, le temps qu'on peut consacrer à faire un bottelage un peu plus soigneux.

VIII. Quoi qu'il en soit, il est notoire qu'aux environs des villes, aux environs de Paris surtout, les machines qui ne brisent point les pailles, c'est-à-dire celles qui battent en travers, sont très- généralement préférées.

Parmi celles-là, tout le monde connaît et apprécie la batteuse fixe de Duvoir , la batteuse de Cumming, etc.; il existe également une bonne batteuse en travers de Gérard, de Vierzon.

Ces appareils sont plus chers, sont plus volumineux, et par conséquent moins locomobiles que ceux dont nous allons parler.

Les bonnes machines à manége, locomobiles et battant par bout sont nombreuses.

Plusieurs systèmes peuvent être recommandés, presque au même degré. Je signale dès à présent la machine Pinet, la machine de Lotz aîné, de Nantes; de Renaud et Lotz; de MM. Bodin, de Rennes; Pialoux, Del, Gérard , maréchaux, etc.

La batteuse de Pinet, qui a mérité et obtenu, pour son manége surtout, un succès plus qu'européen, séduit infailliblement au premier aspect.

Tout l'ensemble est essentiellement portatif, et le montage en est extrêmement facile et prompt.

La machine peut être établie à l'intérieur d'une grange sans que le manége, susceptible d'être affecté à d'autres services, ait besoin d'être déplacé.

Machine et manége peuvent être installés sur un terrain quelconque, horizontal ou incliné.

On peut atteler au manége ou des chevaux, ou des bœufs, ou des vaches.

L'allure ordinaire des bœufs suffit à un travail très-convenable, la vitesse du batteur étant, même avec des bœufs, de 850 tours au moins à la minute.

Il faut indiquer encore que, dans ce système, le mouvement est transmis sans arbre de couche, mais par une simple courroie, du manége à la batteuse.

C'est là, comme on le voit, une garantie contre les accidents, dérangements ou ruptures. Cette particularité, jointe au bas prix de la batteuse sans manége, la recommande aux agriculteurs qui, pouvant disposer d'un cours d'eau, voudraient employer un moteur hydraulique.

Le même moteur, quel qu'il soit, peut mettre en même temps en jeu un tarare débourreur. Ce vannage laisse certainement à désirer ; mais l'appareil, sous ce rapport, est susceptible de perfectionnements. Tel qu'il est, c'est déjà mieux que rien. On peut, du reste, s'en passer et ne pas acheter le tarare.

Le prix des machines Pinet, batteuse et manége compris, varie, suivant les dimensions, de 650 à 900 francs.

La modicité de ces prix n'est pas un de leurs moindres mérites et explique assez, avec les autres avantages que nous venons de signaler, que ces batteuses soient propagées partout, et jusqu'en Amérique, avec un succès merveilleux et qui ne paraît pas s'amoindrir, — au contraire.

Les machines de MM. Lotz, de M. Bodin et de M. Pialoux présentent bon nombre des mêmes avantages que la batteuse Pinet.

Si la machine de Lotz est un peu moins portative,

si elle est plus sujette aux ruptures en raison de la transmission du mouvement par un arbre de couche et par un engrenage ; si la machine Pialoux fait un travail qui nous a paru un peu moins parfait, toutes deux, comme la batteuse Bodin, ont sur la machine Pinet l'avantage de rendements assez sensiblement plus élevés. De plus, la machine Pialoux se complète par un tarare dont le vannage, sans être encore irréprochable, est supérieur à celui du débourreur de M. Pinet.

En somme, ces machines, comme celles battant en travers dont nous avons déjà parlé, sont d'excellents instruments, entrés depuis longtemps dans la pratique sérieuse; et tout cultivateur intelligent qui les aura vues fonctionner, ne se pardonnerait certainement pas de perdre un temps précieux à battre désormais au fléau.

Bien que la vapeur soit encore à ses débuts dans la machinerie agricole, le progrès, en certaines régions, se fait assez vite pour qu'en peu d'années elle ait gagné du terrain. Nous devons donc constater dès à présent que la locomobile à vapeur peut s'adapter parfaitement aux diverses batteuses que nous venons de décrire et en augmenter largement le produit.

IX. Les moulins. Après les batteuses, l'instrument d'intérieur dont l'introduction nous semblerait le plus désirable dans la plupart des fermes qui n'ont pas de moulins à eaux et ne trouvent point à se pourvoir dans de bonnes minoteries du voisinage, ce sont les appareils destinés à la mouture, et auxquels on peut donner pour moteur soit la machine à vapeur, soit le manége de la batteuse.

Il existe déjà de bons instruments de ce genre.

Nous avons entendu recommander particulièrement le moulin de M. Bouchon de la Ferté-sous-
Jouarre, dont il existe plusieurs modèles de dimensions différentes, pouvant être mus, — à bras, — par
un manége ou par la vapeur.

Les prix varient de 300 à 450 fr.

M. Pinet a également inventé et perfectionné,
croyons-nous, en ce moment, un moulin agricole d'un
service facile et d'un prix modéré.

Il est encore quelques machines ou instruments
d'une bien moindre importance, il est vrai, qui sont
cependant utiles pour la préparation des nourritures
du bétail et pour l'épuration des semences.

Ainsi les *hache-paille*, les *hache-foin*, les *coupe-
racines* et le *tarare*, le *crible-Pernollet* ou le *trieur-
Vachon* sont des instruments peu coûteux et dont
l'usage se généralise chaque jour.

Les bons hache-paille sont nombreux. On les trouve
dans toutes les bonnes fabriques que nous avons eu
l'occasion de désigner déjà. Il en est de même des
coupe-racines; et aucun modèle ne nous semblerait
avoir droit ici à une recommandation particulière, si
nous ne croyions devoir mentionner spécialement le
coupe-racines dit de 33 fr. de la fabrique de Biancourt,
instrument très-simple et très-solide qui fait malgré
son bas prix, un travail très-satisfaisant.

X. *Transmission de mouvement, utilisation variée des
divers moteurs.* Comme complément de ces indications
relatives à la machinerie agricole, nous devons, en
terminant, dire un mot de l'utilisation possible des
divers moteurs pour la mise en train de la plupart
des instruments d'intérieur dont l'énumération précède.

Il existe des appareils de transmission de mouvement, à l'aide desquels le manége ou la machine à vapeur plus spécialement affectés au service de la batteuse, peuvent aussi, lorsque le battage chôme, faire marcher, ensemble ou successivement, tarare, concasseurs de grains, égraineurs de maïs, le hache-paille, le hache-foin, le coupe-racines, etc.

L'ensemble de ces utiles dispositions se rencontre déjà dans bon nombre d'exploitations modèles; on les trouvera aussi dans les ateliers de quelques grands constructeurs. Nous avons vu des *specimens* les plus complets, de ces combinaisons pour utilisation multiple des forces motrices, chez M. Peltier jeune; nous les avons vus encore dans l'exploitation de M. Pinet, à Abilly (Indre-et-Loire).

Il est intéressant d'étudier en détail cette mise en œuvre, et d'apprendre de la sorte à tirer tout le parti possible des instruments dont on dispose. Et, au demeurant, le grand art, dans cette question des machines, ce sera toujours de faire beaucoup avec peu, de n'avoir pas un grand nombre d'instruments, mais de les avoir tels et si bien choisis qu'on puisse en tirer grand usage; d'avoir peu et de s'en servir beaucoup.

Pour cela, nous le répétons, il faut bien choisir; il faut n'acheter qu'à bon escient, c'est-à-dire n'acheter qu'après avoir bien vu, bien examiné, bien étudié, et encore suffisamment réfléchi; il faut, en un mot, n'introduire une nouveauté dans sa ferme, qu'après l'avoir expérimentée soi-même, et plutôt deux fois qu'une.

XI. Association de petits propriétaires pour l'achat en commun des instruments. — Je sais que même en réduisant au strict nécessaire les acquisitions d'ins-

truments indispensables à une bonne culture, il y a
là un déboursé qui ne paraîtra pas sans importance
à de petits, même à de moyens propriétaires, et à
plus forte raison à de simples fermiers.

Une grande charrue défonceuse, un bon extirpa-
teur-scarificateur, une herse vigoureuse, un rouleau,
un semoir, une batteuse ; ces cinq ou six instruments
dont on ne peut se passer, ces cinq ou six instruments, dût-on s'en tenir là, représentent un capital
de deux mille à deux mille cinq cents francs. Or, le
cultivateur qui n'a que cinq ou six hectares à travailler ne dépensera pas volontiers cette somme. Il aura
trop rarement l'occasion de mettre ces divers engins
à l'œuvre ; et il lui semblera peu utile d'acheter ce
qui ne doit pas lui servir constamment.

Eh bien, il me semble qu'il y a un moyen facile de
rendre cette acquisition d'ensemble peu onéreuse,
même pour les pays pauvres.

Que huit, dix et douze propriétaires s'associent dans
un village pour acheter l'assortiment d'outils perfectionnés que j'ai énumérés plus haut. Chacun pourra
s'en servir à son tour, en payant une minime rede-
vance pour chaque jour d'emprunt ; le tarif, égal pour
tous les associés, sera fixé d'après le prix de chaque
instrument ; chacun répondra des réparations que
nécessiteraient les accidents arrivés chez lui ; et par
la contribution quotidienne le chiffre de la cotisation
primitive sera bientôt couvert.

Au bout de deux ou trois ans, presque tous ceux
qui auront ainsi expérimenté quelques bons instruments s'en seront si bien trouvés qu'ils voudront
avoir pour leur usage exclusif une bonne charrue,
un bon extirpateur, etc. Seule peut-être, la machine

à battre restera affectée à un service commun; et elle pourra parfaitement y suffire pendant de longues années.

Tous les hommes influents qui dans leur milieu agricole encourageraient une combinaison du genre de celle que je viens d'indiquer, contribueraient, je le crois, dans une large mesure au bien du pays qu'ils trouveraient disposé à les écouter. Il y a là un bien réel à faire sans grand effort et sans grands frais.

XVI

BONNE DIRECTION DE LA FERME ET DES DIVERS TRAVAUX. DERNIERS CONSEILS.

I. Nous arrivons au terme du modeste programme dont nous avions donné le sommaire dès les premiers chapitres de ce petit livre, et que nous nous sommes efforcé de développer dans un exposé aussi court et aussi clair que possible.

Quiconque aura bien voulu prêter quelque attention à ces causeries familières, doit donc savoir tout au moins, quelles sont selon nous les améliorations les plus indispensables, celles par lesquelles doit commencer toute œuvre de progrès agricole.

Il nous reste maintenant à indiquer, à résumer en quelques pages quelques-unes des règles qui doivent inspirer le cultivateur jaloux de progresser, et le guider dans l'administration, dans la direction générale, dans la conduite de son exploitation, dans la direction des travaux, dans la gestion de toute son affaire.

II. Et d'abord, si on se rappelle ce que nous avons dit relativement au capital, si on admet que les améliorations sérieuses, même les plus sagement conduites, ne se font pas sans dépense, on devra se pénétrer aussi de cette vérité, qu'il ne faut jamais entreprendre une œuvre au-dessus de ses forces. Mieux vaut cultiver d'une manière irréprochable 10 hectares, que d'en cultiver médiocrement 50. Dans la première opération, il peut y avoir un profit; il ne peut pas y en avoir dans la seconde.

Ici je dois insister encore :

Ne pas entreprendre au delà de ses forces;

Régler son entreprise, dans tout l'ensemble comme dans les moindres détails, d'après les ressources dont on dispose;

Voilà une loi de prudence qu'il ne faut jamais oublier, à laquelle il ne faut pas cesser un instant d'obéir.

S'agit-il de prendre la détermination qui doit tout dominer, la première, la grande détermination ? S'agit-il de choisir son champ de bataille, de choisir sa ferme, la ferme à louer ou à acheter ?

Se rappeler à propos cette vérité, nulle part plus vraie qu'en agriculture :

Qui trop embrasse mal étreint.

et cette autre vérité dont nous avons cherché à pénétrer si complétement ceux qui auront voulu nous croire :

« Sans capital suffisant, point de progrès agricole possible. »

Mieux vaut donc entreprendre la culture de vingt hectares, acheter vingt hectares, en gardant en réserve un fonds de roulement suffisant pour tous les besoins, que de se laisser tenter par une étendue double de celle-là, et de mettre tout son argent dans son acquisition, en se condamnant de la sorte, dès le début, à la plus funeste impuissance.

Si, en effet, comme nous croyons l'avoir déjà démontré, un premier progrès judicieusement conçu et heureusement réalisé est un acheminement qui conduit d'une manière infaillible, et pour ainsi dire par la force des choses, à de nouveaux et plus importants progrès, il n'est pas moins certain que tout arriéré, tout retard, toute faiblesse, toute insuffisance d'action se paient cher un jour ; qu'ils engendrent d'autres retards, d'autres faiblesses, et peuvent entraîner une exploitation à la décadence, à la ruine peut-être.

Et de même dans la répartition des cultures, dans les assolements à établir en commençant.

Il faut savoir proportionner encore ici son ambition à ses forces.

Aux céréales par exemple, aux céréales surtout, il ne faut destiner que les surfaces auxquelles il a été possible de consacrer les travaux et les fumures convenables.

Semer, récolter et battre un mauvais blé, cela coûte encore si cher ! et un mauvais blé rapporte si peu !

Combien on serait souvent plus sage de restreindre son emblave, d'économiser sa semence, de ne pas fatiguer ses attelages, et de rester les bras croisés devant sa porte !...

Je sais, il est vrai, comme on s'en tire. Je sais qu'on évite l'humiliation de faire un gros *meâ culpâ,* en évitant de compter, en évitant de constater par les chiffres que la récolte a plus coûté qu'elle n'a rendu, et qu'on est en perte sur son blé.

Mais quand on trouverait le moyen de se faire quelque illusion là dessus, les illusions ne remplissent pas le grenier ; elles ne font pas le moindre argent au marché, et on va ainsi tout doucement, parfois même d'un bon petit train, on va à la misère.

Je dirai des récoltes sarclées ce que je viens de dire des céréales.

Les récoltes sarclées, nous l'avons vu, sont une excellente chose. Lorsqu'elles ont été bien conduites, elles laissent le sol en parfait état, très-propre et bien fumé ; elles fourniront de riches nourritures au bétail ; elles constituent certainement un merveilleux progrès.

Mais si elles sont mal faites, mal tenues, si ces récoltes dites *sarclées* ne l'ont pas été ou ne l'ont été qu'à demi ; si les façons sont restées en route, ou si on ne les a pas exécutées en temps convenable ; si on a biné, en terre forte, après de grosses pluies, et si la terre a été alors durcie, abîmée, transformée, par un piétinement inopportun, en un mortier brutal qui a étranglé les plantes et paralysé ainsi la vigueur de la végétation ;

Si, en terre légère et sans profondeur, on a mis la houe au travail sous un soleil ardent, et de la sorte desséché les racines et fait flétrir la tige ;

Quel profit espérer d'une culture ainsi faite et comment se rattraper des dispendieux déboursés qu'elle aura occasionnés?

Il ne faut donc introduire dans le domaine les *cultures sarclées* que lorsque le domaine est bien prêt à les recevoir, — et dans la mesure où il sera possible de leur administrer avec une générosité suffisante, en temps opportun surtout, la main-d'œuvre qu'elles exigent impérieusement.

Que j'aie une terre excellente, substantielle, profonde, en bon état de préparation, pourvue richement d'engrais et d'un engrais tout à fait à point pour alimenter une magnifique récolte de betteraves ; cela ne suffit pas, il faut autre chose encore.

Si je prévois que, la saison venue des binages, je serai débordé par d'autres travaux, que les bras me manqueront, qu'il y aura de fâcheux retards dans l'exécution du sarclage et des autres façons, je dois, bien qu'à regret, m'abstenir d'une culture très-lucrative, très-avantageuse, très-profitable et dont mon bétail aurait le plus grand besoin. Je dois m'abstenir ; je dois semer autre chose, ou même ne rien semer du tout, si je ne suis pas sûr de traiter la récolte quelle qu'elle soit, comme elle veut et doit être traitée.

Est-ce à dire, pourtant, parce qu'on manquera de ce que j'appelle une force quelconque, parce qu'on manquera des grands moyens de travail nécessaires aux cultures avancées les plus exigeantes, parce qu'on manquera des engrais suffisants, ou de la main-d'œuvre indispensable, qu'il faille lâcher pied complétement, se décourager, désespérer, ne rien faire?

Je me garde bien de dire cela.

J'ai déjà parlé du troupeau avec une prédilection et une confiance particulières.

Dans combien d'exploitations encore en retard, le troupeau ne peut-il pas être l'instrument du premier effort fructueux, du premier progrès destiné à faciliter tous les autres !

Je viens de dire dans quels cas il fallait sagement restreindre les cultures céréales, ajourner ou restreindre encore les cultures sarclées.

Mais le défaut de force au début, à moins que ce ne soit la détresse absolue, ce n'est pas une impasse dont on ne puisse jamais sortir.

Quelle terre est assez misérable pour qu'avec une demi-fumure, un quart même de fumure, avec quelques balles d'engrais commerciaux, s'il le faut, on ne puisse y semer une avoine? Dans cette avoine, il est facile de jeter, ainsi que je l'ai dit ailleurs, la graine d'un ou plusieurs de ces menus fourrages qui conviennent si bien au mouton.

Dans le cas où l'avoine ne promet pas un rendement qui vaille les frais de moisson et de battage, qu'on la fauche en vert, ou même qu'on la fasse pâturer sur place par le troupeau, dans un temps sec où le troupeau ne puisse nuire au fourrage semé;

Qu'on administre en automne au fourrage un léger plâtrage, ou l'un des engrais pulvérulents dont nous avons parlé ailleurs;

Qu'on donne surtout, si on le peut, un léger coup de parc quand la terre est bien ressuyée;

Et cette terre sera bien mauvaise, bien ingrate, si elle ne fournit pas l'année suivante au troupeau un pâturage au moins très-passable. Ce pâturage, lupuline, trèfle blanc, et surtout ivraie d'Italie, peut durer de deux à quatre ans, et pour peu qu'on donne pendant quelques années aux créations de ce genre une extension progressive, ne voit-on pas quel excellent moyen c'est là d'accumuler de la force, de s'assurer de nouvelles ressources de main-d'œuvre et de fumure, dès lors que sans travail annuel, on a provisoirement un large pacage pour le troupeau, et la fumure par le troupeau sur une bonne partie du domaine.

Voilà, je le répète, un début facile et qui ne donnera pas de mécomptes parce qu'il restera conforme à cette loi supérieure :

Proportionner sa tâche à ses ressources ;

N'entreprendre que dans la mesure de ses forces.

III. En second lieu, il faut savoir prendre une résolution. Nous avons recommandé à diverses reprises l'économie, la prudence, la méfiance, les essais en petit, les essais progressivement élargis. Mais d'autre part, lorsque d'après sa propre expérience ou d'après celle du voisin, c'est-à-dire d'après des épreuves qu'on a pu surveiller de ses yeux, et qui se sont accomplies dans des conditions tout à fait semblables à celles où l'on se trouverait soi-même, on est fermement convaincu que l'opération est bonne, qu'un travail, une pratique, un procédé, une culture spéciale, une amélioration quelle qu'elle soit, en un mot, ne peut avoir que d'excellents résultats, cette amélioration fût-elle coûteuse et difficile, pourvu qu'on ait les ressources suffisantes et que les circonstances s'y prêtent, il ne faut ni hésiter, ni ajourner, ni liarder. Dès qu'on sait que l'amélioration doit être à coup sûr profitable, il faut se décider tout de suite. Si vous faites à petits coups, en dix ans, ce que vous auriez pu faire tout d'une fois, en une année, vous vous serez privé pendant neuf ans du bénéfice complet de l'opération. Et quelles ressources nouvelles ne vous eût pas données quelquefois, l'accroissement de produit dont vous vous êtes privé ! Un progrès amène l'autre, comme une faute ou une négligence engendrent d'autres fautes et d'autres négligences. S'il s'agit par exemple de créations de fourrages, tout ce qu'on eût pu faire, sous ce rapport, et qu'on n'a pas fait, eût contribué, dans des proportions souvent incalculables, au progrès général, à la bonification de tout le domaine, à la multiplication de tous les profits.

Essayons donc, avec méfiance, si l'on veut, mais essayons ; et l'essai devenant suffisamment concluant, suffisamment encourageant, ne craignons pas d'avancer.

Un des grands avantages qu'il y a à s'exécuter tout de suite, à achever tout d'une fois ce qu'il est décidément bon, urgent, indispensable, ou seulement utile d'entreprendre, c'est que ce qu'on exécute par voie d'ensemble est toujours supérieur. Vous faites la moitié, le tiers, le quart d'une opération ; vous construisez un bâtiment, ou vous exécutez une transformation de bâtiments, en plusieurs campagnes ; à chaque reprise, il y a quelque chose à refaire, quelque chose d'insuffisant, de défectueux à corriger, à compléter ; et bien des fois encore, au bout de votre travail, vous vous apercevez que le tout manque d'unité, de commodité ; et, en calculant bien, vous trouveriez sans doute que les petits changements successifs vous ont coûté plus cher que ne vous eût coûté une création complète, bien conçue, bien étudiée, résolûment entreprise.

IV. Ceci nous amène à dire un mot de l'*économie* du travail, de ce qu'on peut appeler la *stratégie* du travail, c'est-à-dire la conduite militaire, si on peut parler de la sorte, la manœuvre des travaux. Il y a des gens qui, dans le commandement des ouvriers, dans le gouvernement des opérations, ne savent jamais très-parfaitement — faute de l'avoir étudié — ni ce qu'ils veulent, ni ce qu'ils doivent vouloir; qui ne savent par où il faut commencer et par où finir.

Ils prennent la tâche par le milieu; ils vont à droite d'abord, et puis à gauche, en tête et en-queue. Le temps se passe en allées et venues; et rien ne se fait. Tout cela, les incertitudes, les dérangements, tout ce qu'on peut appeler *les fausses manœuvres*, tout cela coûte; tout cela peut devenir ruineux.

Les fausses manœuvres sont ruineuses; et de plus elles amoindrissent, aux yeux des ouvriers et des serviteurs, l'autorité du maître.

Bien savoir ce qu'on veut, bien disposer son escouade de travailleurs, c'est quelquefois la moitié d'une besogne faite. — Mais pour qu'il en soit ainsi, pour ne point avoir à tâtonner, pour n'avoir point à revenir à chaque instant sur ses pas, il faut, je le répète, réfléchir; il importe d'avoir étudié son terrain, son personnel, et les aptitudes, les capacités de chacun.

Les chantiers des constructeurs de chemins de fer sont, sous ce rapport, de merveilleux exemples à consulter. C'est là qu'on peut apprendre à mettre chacun à sa place; à ne pas demander à celui qui manie la pioche un effort plus grand qu'il n'est nécessaire, — à celui qui manie la pelle, un jet de terre qui dépasse ses forces; au conducteur de brouette un trajet qui le surmène; aux animaux qui font des charrois, des pas ou des efforts inutiles.

Cet art de bien conduire les travaux, peu de gens le possèdent parfaitement. Tout le monde semblerait pourtant pouvoir l'acquérir plus ou moins; mais il y faut songer; il faut observer; il faut regarder pour bien voir.

En résumé, et qu'on ne l'oublie pas, avec le même personnel, avec la même dépense, avec moins de peine souvent, le conducteur habile fera exécuter une somme de travail double de la somme obtenue par celui qui perd la tête, qui ne réfléchit pas, ou ne se tient pas à son affaire. L'un sera donc en bénéfice là où l'autre se trouvera toujours en perte. Voilà une des raisons qui justifient le plus ce dicton agricole : « Tant vaut l'homme, tant vaut la terre, » et encore celui-ci : « Tant vaut le maître, tant valent les serviteurs. » Tant vaut une intelligence et tant valent les œuvres.

V. J'ai vivement recommandé les essais à propos de toutes choses. Et en effet, je considère comme un signe de grande intelligence culturale, l'amour fidèle des expérimentations bien suivies, bien conduites.

La ferme modèle, telle que je la conçois, fait de son champ d'expérience une leçon permanente.

Pour moi, je voudrais y voir toujours une école de fumure propre à donner la preuve que tel ou tel engrais convient ou ne convient pas au domaine, convient ou ne convient pas à telle culture; une école de semence, où l'on mette en comparaison les diverses variétés des mêmes céréales; une école de plantes nouvelles, où l'on mette à l'étude toutes les nouveautés qu'il pourrait y avoir intérêt à introduire ;

Une école surtout de fourrages : — Combien y a-t-il, en effet, de plantes fourragères, parfois excellentes, qu'on ne connaît pas, ou qu'on connaît, dont on sait qu'elles font merveille ailleurs, et qu'on n'a pas essayées, qu'on néglige même d'essayer.

Je viens de parler des diverses variétés d'une même plante, et de l'étude qu'il y aurait constamment à faire de la valeur comparée de chacune d'elles.

C'est là une question dont bien des gens ne sentent pas assez l'importance.

Je citerai rapidement deux exemples.

Parlons d'abord de *Pommes de terre*.

Il y a quelques années, autour de moi, quand la maladie de la pomme de terre s'est généralisée, tous les gens sensés s'étaient découragés et délaissaient cette culture. Là même où les tubercules n'étaient pas attaqués, les rendements devenaient tellement minimes qu'ils ne payaient pas les frais, bien s'en fallait.

La pomme de terre dite Chardon fut alors introduite; elle ne fut pas atteinte de la maladie, ou le fut d'une manière insignifiante; elle rendit en grande culture vingt, trente et trente-cinq fois la semence. Les variétés du pays rendaient cinq, six, huit au plus, et elles se gâtaient.

Venons au froment :

En des conditions tout à fait semblables de culture, certaines variétés de froment peuvent donner un rendement d'un quart, d'un tiers, de moitié quelquefois, supérieur au rendement d'une autre variété.

Il est des pays où le froment ordinaire, le froment cultivé d'ancienne date, contient, au *maximum*, quarante-cinq ou cinquante grains à l'épi.

Il est des variétés étrangères, des blés anglais par exemple, qui, sur le même terrain, fourniraient le double et au delà.

Et la fertilité du sol, je le répète, n'est pas la cause première de cette énorme différence; la différence tient tout simplement à la conformation de l'épi.

Voilà un épi à quatre angles, un épi carré qui aura cinq alvéoles et par conséquent cinq grains à chaque épilet. C'est donc dix grains à chaque étage autour de l'épi; il peut y avoir dix et même quinze rangs ou épilets superposés dans toute la longueur de l'épi, soit pour total, de cent à cent cinquante grains au lieu de cinquante ou soixante.

Ce qu'on obtiendra avec une variété, de plus qu'avec l'autre, n'aura coûté, qu'on le remarque bien, ni un labour, ni une façon, ni un grain de semence de plus. L'excédant est tout bénéfice net.

Ceci ne vaut-il pas la peine de s'en préoccuper? N'y a-t-il pas là une belle marge entre la perte et le gain? Ne comprend-on pas ici qu'une simple question de détail contient parfois à elle seule le germe du succès complet ou de l'échec complet? — Voilà comment Jean fera certainement de bonnes affaires en faisant un peu du nouveau ; tandis que son voisin Jacques vivotera à peine et. ira peut-être à sa ruine, en restant le fidèle amoureux de la routine et l'élève encroûté du passé.

Faut-il indiquer encore que le blé étranger donnera un quart ou un tiers de paille de plus que l'autre?

De la paille pleine, me dira-t-on? de la paille dure que les bestiaux ne voudront pas manger!... Pourquoi les bestiaux ne la voudront-ils pas manger? Est-ce parce qu'elle est pleine d'une moëlle très-nutritive, et qu'elle se transformerait, qu'on l'a tranformée plus d'une fois en une véritable farine ?

Non, n'est-ce pas? mais tout simplement parce

qu'on la donnera aux animaux sans la hacher, ou même sans la broyer.

Après le battage mécanique, la paille, si forte qu'elle soit, ne sera jamais rebutée par le bétail, surtout si elle est administrée en mélange avec des racines ou des fourrages verts. Qu'on essaye !

Essayons donc, et comparons entre elles les variétés les plus recommandées de chaque plante. Il y a certainement à y gagner quelque chose.

VI. De même ai-je dit pour les engrais, engrais industriels ou commerciaux, artificiels, etc.

On trouve dans le commerce *la suie, la cendre,* quelquefois *la colombine*, *les tourteaux de plantes oléagineuses, la poudre d'os, la chair et le sang desséchés, les phosphates minéraux, le phospho-guano, le guano,* et combien d'autres engrais artificiels, c'est-à-dire fabriqués à l'aide de divers mélanges.

J'avoue ma prédilection pour les premiers, c'est-à-dire pour les engrais commerciaux naturels, sans méconnaître cependant qu'il y en a d'excellents parmi les mélanges artificiels.

Mais la fraude ou même les préparations inintelligentes, les fabrications faites par la négligence cupide ou par l'ignorance vantarde, sont si fort à redouter que, là surtout, il faut marcher avec prudence, avec méfiance, et par conséquent répéter plusieurs fois des essais comparatifs en petit.

Il y a des fabricants habiles et honnêtes ; il y en a qui sont honnêtes sans être habiles, et combien plus encore qui sont habiles sans être honnêtes !

Que de charlatans à langue dorée qui ne demandent qu'à attraper une seule fois leur public !

Le public est vaste dans le monde agricole.

Il suffit d'avoir eu l'art d'extorquer une centaine de francs dans huit ou dix mille fermes, pour avoir son petit million arrondi.

Donc, ne nions rien, si l'on veut, de ce que peut espérer ou promettre la théorie; mais défions-nous systématiquement des remèdes à tout guérir, des *panacées universelles*.

Ne soyons pas sans de sages préventions contre les révélations subites, contre les fécondations magiques et les éclosions spontanées, dans le monde des idées comme dans celui des faits. Ceux qui voudront me croire attendront ainsi prudemment les nouveautés à l'œuvre; c'est dire qu'ils voudront voir soumises au contrôle d'une expérimentation complète et désintéressée, seule digne de foi et seule concluante, ces merveilles venues tout d'une pièce, et qui font à grand fracas leur entrée sur la scène.

Pour moi, je me rappelle trop bien les amères déceptions qu'ont laissées dans tant de fermes des découvertes fameuses, prônées dès leur apparition par les mille voix alors moins suspectes qu'elles ne le sont aujourd'hui, de *l'annonce* et de la *réclame*. J'ai présent à la mémoire, par exemple, et *l'engrais Bickès* et *l'engrais Dussaut*, et tous les mirifiques *élixirs* de fertilité concentrée, qui devaient niveler toutes les productions, en les portant toutes également à un *maximum* inespéré.

Praliner la semence! alors il ne s'agissait que de cela. En pralinant, on était sûr d'avoir donné, non-seulement au germe, non-seulement à la première végétation herbacée, mais encore à la formation du tuyau, à celle de l'épi, à la fructification, à la grenaison elle-même, une si prodigieuse et si substantielle nourriture, un tel surcroît d'activité, de vigueur, de puissance et de vie, que le dernier mot du progrès se trouvait dit dès le premier.

Et ce qu'il y a de plus curieux, c'est que les inventeurs, les propagateurs surtout, les patrons autorisés de la chose, étaient de très-bonne foi, nous croyons en être sûr.

Le vieux Bickès, entre autres, était un brave Allemand, à face patriarcale et naïve, dont le français douteux et l'enthousiasme débonnaire, allaient droit aux cœurs qui n'étaient pas cuirassés d'un triple airain.

Après l'avoir entendu quelques instants énumérer tous les bienfaits dont sa découverte allait devenir le premier moteur; après l'avoir entendu, dans une démonstration hérissée de germanismes attendris et de gutturales émues, prophétiser la fin de la misère et l'abolition de la famine, grâce à ses pralinages, il eût fallu être inexorable à toutes les douleurs de l'humanité tant de fois éprouvée par les disettes, pour ne pas se prendre à désirer qu'il eût complétement raison, et qu'il fût bien réellement, comme il prétendait l'être, le Messie inespéré de l'agriculture aux abois.

Pourquoi ne ferais-je pas ici toute ma confession? Pourquoi rougirais-je d'avoir, à mes dépens, voulu vérifier tant de merveilles promises? J'ai commencé par dire qu'il ne fallait rien répudier par prévention; c'est avouer implicitement qu'il faut essayer toute chose, qu'il faut du moins que quelqu'un essaye pour les autres. J'ai quelquefois, mais sans trop d'illusions à perdre, partant sans trop de déceptions à encourir, j'ai quelquefois consenti à être ce quelqu'un qui doit essayer. Donc, j'ai praliné, très-consciencieusement praliné. J'ai praliné avec la poudre Bickès, et praliné avec le liquide Dussaut. Eh bien ! je dois convenir en toute sincérité que le pralinage ne fit réellement aucun mal aux récoltes. Pas le plus petit inconvénient, sauf l'inconvénient d'avoir, sans autre résultat que celui de la vérité à poursuivre, dépensé 20 fr. par hectare. Récoltes identiques ici avec l'engrais, et là sans l'engrais. Il y avait de la sorte matière à se consoler, puisque l'engrais n'avait pas nui, tandis qu'à la rigueur il eût très-bien pu nuire.

Et de plus, pour 20 francs par hectare, j'avais conquis la vérité ; elle coûte souvent plus cher ; c'était pour rien, à la condition de ne pas recommencer.

J'ai dit que les inventeurs étaient très-probablement de bonne foi. En veut-on la preuve ? Puisque j'ai entamé ce hors-d'œuvre d'histoire intime et personnelle, lequel peut être en quelques points instructif, pourquoi ne pas aller jusqu'au bout ?

Le père Bickès était, voulait paraître si sûr de la vertu de son spécifique, qu'il avait organisé un vaste système d'inspection générale en France, pour aller constater sur place, chez les propriétaires, les merveilles du pralinage.

Quand l'inspecteur de ma région vint chez moi, mes céréales étaient ameublies et battues ; plus trace de l'opération. L'inspecteur se trouvait de la sorte avoir encore beau jeu. Il ne tenait qu'à lui de ne pas s'en rapporter complétement à mon dire, et de laisser sous-entendre qu'il n'y avait plus de contrôle possible ; que je pouvais avoir mal apprécié ; que j'y mettais peut-être quelque mauvais vouloir, qui sait ?

Heureusement, ou malheureusement, suivant que le système ou moi aurions eu la parole, il restait un vaste carré de pommes de terre qui n'avaient pas été récoltées. Notez que le pralinage était surtout recommandé comme devant donner des produits incomparables, appliqué à la semence du tubercule de Parmentier.

Nous nous rendons, l'inspecteur et moi, sur le champ de pommes de terre. Moitié de la planche était consacrée au pralinage; l'autre moitié, comme terme de comparaison, avait été semée sans pralinage, et il faut ajouter sans fumures. Récolte absolument semblable ici et là, récolte détestable des deux côtés.

L'inspecteur paraissait atterré, mais encore plus stupéfait qu'atterré. On ne joue pas à ce point la sincérité; il fut évident pour moi qu'il s'était attendu à trouver, sur le champ de pommes de terre, la réalisation de toutes les splendeurs végétales promises dans les magasins de M. Bickès, et éloquemment annoncées dans ses prospectus, avec la régénération de l'humanité sauvée par les bienfaits fertilisants du pralinage.

Ce fut moi qui dus consoler l'inspecteur, et m'excuser d'avoir un sol si rebelle à la toute-puissance de l'engrais concentré.

Ayant praliné sur un hectare de céréales et sur un hectare de pommes de terre à 20 francs l'hectare, il ne m'en avait coûté que 40 fr. et 7 fr. 50 c. de port.

Pour ce prix-là, il est vrai, j'aurais eu dix ou douze voitures d'excellent fumier de la gendarmerie, ma voisine; mais je n'aurais pas eu le droit de prêcher à si bon escient la méfiance, aux cultivateurs qui me lisent...

Qu'il y ait donc, dans toute ferme, le champ d'expérience. Les essais en petit dispenseront des tentatives dispendieuses qu'il ne faut jamais faire, en commençant, sur une grande échelle.

VII. Le contrôle de tous les essais comme de toutes les opérations de la ferme, c'est le bénéfice.

Or, comment constater le bénéfice, si on ne sait pas, ou si l'on ne veut pas s'astreindre à compter la dépense, et à compter la recette ?

Une comptabilité est donc absolument indispensable dans une exploitation.

Je sais bien qu'on décourage la plupart des cultivateurs en exigeant d'eux sous ce rapport ce qu'ils ne peuvent pas donner.

On leur parle de tenue des livres, de comptabilité en partie double, d'une véritable comptabilité commerciale.

Le cultivateur qui a travaillé tout le jour ; le propriétaire même aisé et instruit qui a surveillé des travaux pendant une journée de quatorze heures, n'iront pas avant de se coucher, passer encore trois ou quatre heures à chiffrer ; et dès lors il deviendrait nécessaire d'avoir un comptable spécial à demeure. Il y a bien peu d'exploitations ordinaires où le remède ne serait pas pire que le mal.

Encore chacun peut-il tenir quelques notes précises, complètes surtout, qui puissent permettre de reconstruire de quinzaine en quinzaine le tableau de la situation. Il faut marquer tout au moins chaque dépense et chaque recette à leur heure. Savoir ce qu'on paie et ce qu'on reçoit. — De la sorte, à un moment donné, on retrouvera toujours la trace d'une opération quelconque ; et, quand on le voudra bien, on pourra raisonnablement conclure que l'opération a été bonne ou qu'elle a été mauvaise ; qu'il faut la continuer, la renouveler, l'étendre, ou la restreindre, ou y renoncer tout à fait.

Et à ce propos un mot encore.

En culture il ne faut pas de parti-pris, il ne faut pas non plus d'entêtement, ni par irréflexion, ni par amour-propre ; il ne faut pas se butter dans une idée, dans un système ; et si l'on a beaucoup espéré d'une opération, ce n'est pas une raison pour se faire illusion sur le résultat. Une leçon franchement acceptée, une déception subie avec bonne foi, cela sert autant et plus même que certains succès.

Reconnaître qu'on s'est trompé, c'est apprendre qu'on peut se tromper encore ; c'est devenir prudent et sage. Heureux ceux qui ne le deviennent pas trop tard et à prix trop haut ; très-heureux ceux qui le sont devenus dès la première leçon.

VIII. Reconnaître qu'on s'est trompé c'est apprendre qu'on ignore. — Que de choses n'ignore-t-on pas en effet, même après avoir beaucoup appris.

Il faut donc étudier, il faut lire ; il faut s'instruire.

Aujourd'hui, les moyens d'instruction abondent ; ils sont généralement à la portée de tous.

Lire, cela coûte souvent au cultivateur ; il lit si peu, que parfois il oublie ce qu'il a su de lecture. — Donc il faut lire d'une manière à peu près continue, pour ne pas oublier, pour se familiariser toujours de plus en plus avec ces bons amis, avec ces bons conseillers, avec ces bons maîtres : — les bons livres !

Mais il y a encore autre chose que les livres, il y a des cours, des leçons publiques, qui se multiplient à peu près partout. Il y a des conférences agricoles dans lesquelles des hommes souvent de la plus haute distinction, en un langage familier, et avec toute espèce de bonne grâce, de franche amitié même pour les cultivateurs, mettent à la portée de tout le monde, des enseignements très-clairs et aussi utiles que faciles à comprendre.

Bien sot est celui qui pouvant aller entendre un de ces dignes apôtres de l'agriculture progressive, demeure au cabaret.

Si nous avons eu raison d'affirmer que toute science, sert à l'agriculture, on a donc toujours à s'instruire...

Ceux qui auraient lu ce petit livre, par exemple, ceux même qui l'auraient le mieux lu, le plus parfaitement compris, qui le sauraient presque par cœur, ah ! que de choses encore il leur faudrait aller apprendre ailleurs ! que de conseils j'aurais à donner ici moi-même encore ; s'il ne fallait pas se borner, s'il ne fallait pas en finir !

Mais je ne puis prétendre, et je l'ai dit en commençant, je ne puis prétendre à faire entrer dans un volume de moins de trois cents pages, ce que contiendrait un de ces traités complets, dont quelques-uns ont cent volumes. Il me suffit de penser que le lecteur qui y aura mis un peu de bonne volonté, n'est plus, en tout et pour tout, absolument étranger à l'agriculture ; il me suffit de penser qu'il a acquis tout au moins quelques notions sommaires d'un progrès agricole accessible au plus grand nombre, — d'une AGRICULTURE PROGRESSIVE A LA PORTÉE DE TOUT LE MONDE.

APPENDICE

L'AGRICULTURE ET LES CIRCONSTANCES ACTUELLES

Ce qu'il y a de vrai dans les souffrances de l'agriculture. — Ce qu'il y a de fondé dans les plaintes qui s'élèvent en son nom.

Je suis de ceux qui reconnaissant à l'agriculture une prééminence incontestable sur tous les autres intérêts matériels, voient de plus en elle un immense intérêt moral. C'est dire que je suis de ceux qui veulent le plus sincèrement la servir ; de ceux que ses doléances touchent au cœur, que ses souffrances contristent profondément, et qui feraient effort autant que personne pour y apporter remède, si le remède était une fois connu.

Mais dans la passe difficile, j'en conviens, où se trouve le monde agricole, le premier service qu'il y ait à coup sûr à lui rendre, c'est de lui dire comme un loyal témoin qu'il faut être, toute la vérité, rien que la vérité.

Quelle que soit la cause de la dépréciation des céréales, de la baisse de prix des grains ; qu'on veuille ou qu'on ne veuille pas attribuer cette dépréciation à la libre entrée des blés étrangers, qu'on soit partisan du libre échange ou de l'échelle mobile, on tombera toujours d'accord sur un point :

Tout le monde conviendra certainement que malgré tout ce qui a été fait pour l'agriculture, ce dont elle doit être très-reconnaissante, il reste encore à faire, et beaucoup à faire.

De grands devoirs, à ce sujet, incombent à tout le monde. L'action officielle, l'initiative du gouvernement, ont encore à acquitter vis-à-vis de cette mère nourricière des peuples, plus d'une dette ancienne, plus d'une obligation pressante.

Mais quand tous les esprits éclairés, pressés par la légitime influence des faits, arrivent avec une rare unanimité, à placer l'agriculture à son vrai rang, c'est-à-dire au rang des plus grands intérêts sociaux, l'agriculture, de son côté, se doit à elle-même comme elle doit à tous, de ne pas s'épargner, de se dépenser, de se prodiguer en de vaillants efforts.

Et ce qu'elle se doit surtout, au milieu des circonstances présentes, sous la loi d'un régime nouveau qu'il faut subir pour sa nécessité, quand on ne se sentirait pas disposé à l'aimer pour ses promesses à plus ou moins longue échéance, ce qu'elle se doit surtout, c'est d'entendre la vérité, c'est de regarder la vérité en face, de regarder en face son vrai devoir social, sa mission de progrès.

Cette mission, elle est difficile, on peut s'en effrayer quelquefois, elle n'a rien d'impossible.

Non, quelles que soient les épreuves à traverser, quels que soient les obstacles de détail que puisse rencontrer le progrès, la France agricole ne doit pas, ne peut pas se laisser aller à une inertie fatale en se proclamant impuissante.

Donc, ni illusions, ni découragement.

L'illusion est une fleur charmante dont la déception est le fruit amer.

Le découragement, c'est le prétexte misérable, c'est le mauvais conseiller, le conseiller énervant des désertions qui déshonorent.

Ne nous décourageons pas, mais ne nous illusionnons pas.

J'ai dit que la nation agricole avait beaucoup encore à attendre de l'État; mais plus elle désire et espère obtenir le possible, moins elle doit s'arrêter à demander l'impossible.

Et d'abord que le régime nouveau, que la suppression des droits sur la production étrangère, que la suppression de la protection ait surpris plus ou moins prématurément le producteur national, cela se comprend sans peine.

Que le vif désir de voir les compensations possibles atténuer les premières souffrances se soit partout manifesté, rien que de naturel à cela.

Mais d'autre part, pourquoi se révolter vainement contre ce qu'il faut considérer comme le fait accompli?

A quoi bon gaspiller son temps, épuiser son effort en récriminations désormais très-oiseuses, il faut bien le comprendre.

Ne vaut-il pas mieux garder à ses demandes toute leur efficacité, je dirai presque toute leur autorité, en se bornant à revendiquer exclusivement ces compensations dont l'opportunité n'est ni contestée ni discutable, et sur lesquelles par conséquent, tout le monde sera d'accord quand les intéressés parleront après mûre réflexion et en pleine connaissance de cause?

D'ailleurs, soyons de bonne foi, comme il faut toujours être. N'a-t-on pas attribué à la dépréciation des céréales une trop grande influence sur l'ensemble des épreuves que traversent en ce moment certains pays agricoles et qui légitiment certainement bon nombre de leurs plaintes?

Et de quelle portée bien sérieuse seraient les palliatifs proposés ?

Il a été éloquemment parlé des souffrances du petit propriétaire; ces souffrances sont réelles dans les pays à céréales.

Mais pour le modeste producteur qui vend de 20 à 40 hectolitres de blé, que serait la réaction sur les cours, quel serait l'effet d'un droit plus ou moins protecteur, plus ou moins compensateur de 2 fr., de 3 fr. même à l'entrée?

Dans une période d'un an, 50, 60 ou 100 fr. de plus rapportés du marché au blé, par le petit cultivateur, par le tenancier d'un sol de 10 à 20 hectares, ne sauraient lui donner la prospérité, s'il est vrai qu'elle lui manque aujourd'hui.

Quant au grand producteur, nous ne sommes pas de ceux qui feraient bon marché de sa cause, et nous savons que 2 ou 3,000 fr. de moins dans sa recette de grains vendus, sont une valeur égale enlevée aux travaux utiles dont le travailleur et le propriétaire, dont le producteur et le consommateur lui-même auraient à bénéficier également.

Mais grands et petits producteurs, nous le croyons, et nous l'avons prouvé peut-être, ont mieux à faire que de se désespérer en face d'une situation qu'une volonté énergique, aidée par d'intelligents secours, peut certainement modifier; en face d'une déprécia-

tion résultant pour une bonne part de la surabondance d'un produit qu'il dépend d'eux de restreindre
dans une juste mesure.

Donc, que demander au gouvernement au titre des
compensations promises ?

Les véritables défenseurs des intérêts agricoles seront certainement logiques ; si l'agriculture, pleine
du souvenir de tout ce qui a été fait pendant si longtemps pour nos grandes industries manufacturières,
espère et sollicite enfin de plus sérieuses largesses ; si
elle revendique à son tour pour elle-même une participation toujours plus ample aux sollicitudes de
l'État et aux faveurs du budget, elle ne se mettra pas
tout d'abord en contradiction avec elle-même, en
sollicitant en même temps des dégrèvements d'impôts.
Elle ne prétendra pas à donner moins pour qu'on lui
rende plus.

Mais cela dit, ajoutons qu'à notre sens le nerf de
l'action, la réalité du progrès, sont à peu près tout entiers dans les termes du programme circonscrit que
voici :

Que l'industrie-culturale obtienne les larges allocations auxquelles elle a droit, des allocations dignes
d'elles et de ses incomparables services ;

Qu'on lui donne de meilleures et faciles communications partout où elles lui manquent encore ;

Que l'État ne se refuse pas aux grandes initiatives
dont les particuliers ne peuvent porter le fardeau,
telles, par exemple, que la création des grands barrages, des réservoirs et canaux destinés à l'irrigation ;

Que des subventions suffisantes soient données à
tous les essais utiles qui sont encore à faire dans les
régions les plus pauvres, partant les plus arriérées :

essais de plantes nouvelles, et de variétés nouvelles, des plantes connues; essais d'engrais, essais d'instruments, etc.;

Qu'il soit accordé des encouragements efficaces aux reboisements et aux gazonnements judicieusement entrepris;

Que les notions les plus indispensables de la science agricole soient propagées et vulgarisées par tous les moyens, tels que la formation de bibliothèques professionnelles, lectures et leçons agronomiques, conférences nomades, etc.

Que sans retard surtout, l'organisation si difficile mais certainement possible d'un crédit agricole fournisse, dans une mesure moins dérisoire, cet indispensable *minimum* du capital, sans lequel tout progrès en agronomie est chimère;

Avec le crédit, qu'on donne au cultivateur les garanties sans lesquelles un commençant timide n'engagera jamais un capital suffisant dans son exploitation; qu'on crée l'ASSURANCE, un système d'assurances général et complet, assurance contre le feu, contre la grêle, contre les inondations et contre les maladies contagieuses des bestiaux ou *épizooties;*

Supposons ce programme à peu près réalisé, et nous verrons alors si la transformation culturale que nous croyons seule pratique et féconde, c'est-à-dire seule accessible à peu près à tous, ne se réalise pas dans la grande généralité des cultures.

Vos céréales, disons-nous à tous, produisent peu, et se vendent à des prix peu rémunérateurs. Restreignez la culture des céréales aux proportions de vos besoins en pailles et grains.

D'ailleurs, n'avez-vous pas en ce moment l'avoine

qui se vend plus cher que jamais, et dont la paille est au moins, comme nourriture, égale à celle du blé ? l'avoine, mieux traitée qu'on ne la traite d'ordinaire, fumée par le parcage surtout, vînt-elle à baisser de prix parce que vous en produiriez davantage, en aurez-vous jamais trop pour nourrir et engraisser vos bestiaux ?

Et puis, sur les sommets les plus escarpés, sur les pentes les plus abruptes où la culture aratoire ne peut que dénuder le sol, boisez, multipliez les bois ; ces bois, qui ne vous rapportent rien aujourd'hui, trouveront dès demain un débouché facile et sûr, quand les voies de fer circuleront partout.

Enfin, vous avez dans l'extension pour ainsi dire illimitée que vous pouvez donner aux pâturages, un moyen d'accroître graduellement toujours le troupeau ; tout comme, par une heureuse réciprocité, vous avez dans le troupeau accru, un moyen de fertilisation progressive pour les pâturages que l'irrigation ou la fumure, que le parcage et l'utilisation des eaux, transformeront souvent en prairies bonnes pour la faux. Que vos parcours ainsi améliorés ne laissent pas seulement le mouton dans un bon état d'entretien, mais que l'engraissement s'y achève ; et cette chair vivante qui se transporte elle-même sans frais, pour ainsi dire sans route, aux distances même lointaines, trouvera son marché et rémunérera équitablement vos premiers efforts.

Ce premier progrès menant à tous les autres, vos fourrages artificiels d'abord, vos fourrages racines, vos cultures sarclées ensuite, vous permettront bientôt d'accroître également votre gros bétail en quantité et en qualité.

Bon nombre de ceux qui vous disent dédaigneusement : que ne multipliez-vous les bestiaux, vous donnent, je le sais, quelquefois à rire, ne s'avisant même pas que cela ne se peut faire :

1° Sans le sacrifice momentané et souvent difficile d'un revenu annuel important, puisqu'il faudrait garder, pour l'élevage, de jeunes produits qu'on vendait d'ordinaire ;

2° Sans de larges déboursés pour l'achat de nouveaux animaux ;

3° Sans de plus lourdes dépenses encore, pour la construction des bâtiments destinés à loger convenablement le bétail accru.

Enfin, ces mêmes bons conseilleurs qui ne seront pas du tout les payeurs, ne songent pas davantage que doubler son capital c'est doubler ses risques ; c'est avoir nuit et jour sur sa tête comme une épée suspendue à un fil, le danger d'une épizootie, d'une maladie contagieuse des bestiaux, qui peut amener la ruine d'une ferme et d'une famille.

Mais c'est parce que nous prévoyons et les difficultés et le danger signalés ici que nous demandons :

D'abord, le CRÉDIT, pour donner aux plus faibles les ressources nécessaires à la transformation de culture ;

Ensuite les ASSURANCES, pour donner aux plus timides le courage de se pourvoir amplement de ce riche capital vivant qui leur manque encore.

Avec du crédit et des assurances, avec une culture de plus en plus intensive, avec le bétail et les instruments convenables, avec des fumures complètes, avec les cultures en ligne, avec les plantes oléagineuses, les légumes et les racines, combien de bon travail de plus ! combien de produits de plus ! et quelle sage

proportion bien vite établie dans la production des
céréales !

C'est alors qu'une agriculture féconde et variée, sans
que par cette fécondité même les grains soient dépré·
ciés, se tourne avec aisance vers les chances variables de profit; se prête avec élasticité à tous les
besoins qui changent.; affranchit enfin le pays des
lourds tribus qu'il paye à l'étranger, pour les huiles,
pour les laines, pour les bestiaux, pour les chevaux,
etc.

C'est alors que les travailleurs des champs plus
convenablement rétribués, et surtout plus constamment occupés, cessent d'émigrer d'une manière désastreuse en fuyant vers les villes; c'est alors que le
propriétaire le moins aventureux, *crédité* et *assuré*,
comme nous l'entendons, subit l'action de l'exemple,
se laisse gagner par le succès des plus hardis, et
n'hésite plus à faire à la terre les avances qui seront
bientôt, pour lui un placement fructueux, pour tous
une chance nouvelle de travail ou de bien-être.

FIN

TABLE DES MATIÉRES

APPENDICE

Imprimerie L. Toinon et C°, à Saint-Germain.

LIBRAIRIE DE L. HACHETTE ET Cie

Boulevard Saint-Germain, 77, à Paris.

AUTEURS EXPLIQUÉS

D'APRÈS UNE MÉTHODE NOUVELLE

PAR DEUX TRADUCTIONS FRANÇAISES

l'une littérale et *juxtalinéaire*,
présentant
le texte dans un ordre analytique avec le mot à mot français en regard
l'autre correcte et précédée du texte;
avec des sommaires et des notes en français
PAR UNE SOCIÉTÉ DE PROFESSEURS ET D'HUMANISTES.

Cette collection, format in-12, comprendra les principaux auteurs qu'on explique
dans les classes.

AUTEURS LATINS.

Horace. *Odes et Epodes*, par MM. Sommer et A. Desportes. 2 v.   4 50
    I⁰ʳ volume : Livres 1 et 2 des Odes   2   »
    II⁰ volume : Livres 3 et 4 des Odes et les Epodes.......   2 50
— *Satires*, par les mêmes..................................   2   »
Lhomond. *Epitome historiæ sacræ*   3   »
— *Sur les Hommes illustres de la ville de Rome*, par M. Bla-
    nadet..   4 50
Phèdre. *Fables*, par M. D. Marie.....   2   »
Salluste. *Catilina*, par M. Croiset. 1 50
— *Jugurtha*, par le même..... ....   3 50
Tacite. *Annales*, par M. Materne, 4 volumes............... 18   »
    I⁰ʳ volume : Livres I, II, III.......................   6   »
    II⁰ volume : Livres IV, V, VI.......................   4   »
    III⁰ volume : Livres XI, XII, XIII..................   4   »
    IV⁰ volume : Livres XIV, XV, XVI...................   4   »
—*Germanie* (la), par M. Doneaud.........................   1   »
— *Vie d'Agricola*, par M. Nepveu.......................   1 75
Térence. *Adelphes* (les), par M. Materne.................   2
— *Andrienne* (l'), par le même.........................   2 50
Virgile. *Les Bucoliques*, par MM. Sommer et A. Desportes.   1   »
—*Enéide*, par les mêmes, 4 vol.......................... 16   »
    Chaque volume contenant trois livres.................   4   »
    Chaque livre séparément............................   1 50
—*Géorgiques* (les), par les mêmes.......................   2   »

AUTEURS GRECS.

Aristophane. *Plutus*, par M. Cattant.....................   2 25
Babrius. *Fables*, par MM. Th. Fix et Sommer.............   »
Basile (Saint). *Homélie aux jeunes gens sur l'utilité qu'ils
    peuvent retirer de la lecture des auteurs profanes*, par
    M. Sommer.......................................   1 25
—*Homélie contre les usuriers*, par le même..............   » 75
— *Homélie sur le précepte: « Observe-toi toi-même, »* par le
    même...   » 90
Chrysostôme (St-Jean). *Homélie en faveur d'Eutrope*, par
    M. Sommer.......................................   » 60
— *Homélie sur le retour de l'évêque Flavien*, par le même..   1   »
Démosthène. *Discours contre la loi de Leptine*, par M. Stié-
    venart...   3 50
— *Discours pour Ctésiphon, ou sur la Couronne*, par M. Sommer   3 50
— *Harangue sur les prévarications de l'ambassade*, par M. Stié-
    venart...   6   »
— *Olynthiennes* (les trois), par M. C. Leprévost...........   1 50
— *Philippiques* (les quatre), par MM. Lemoine et Sommer...   2   »
Eschine. *Discours contre Ctéciphon*, par M. Sommer. 1 vol..   4   «

AUTEURS ANGLAIS.

AUTEURS ALLEMANDS.

AUTEURS ESPAGNOLS.

AUTEURS ARABES.

Imprimerie générale de Ch. Lahure, rue de Fleurus 9, à Paris.

LIBRAIRIE DE L. HACHETTE ET Cᵉ, BOULEVARD SAINT-GERMAIN, 77, A PARIS.

ÉDITIONS A 1 FRANC LE VOLUME

FORMAT IN-18 JÉSUS

LITTÉRATURE POPULAIRE

La collection comprendra environ 200 volumes
Le cartonnage en percaline gaufrée se paye en sus 40 cent. par volume

EN VENTE

Badin (Ad.) : *Duguay-Trouin.* 1 vol.
— *Jean-Bart.* 1 volume.
Barrau (Th. H.) : *Conseils aux ouvriers sur les moyens d'améliorer leur condition.* 1 volume.
Bonnechose (Emile de) : *Bertrand du Guesclin, connétable de France et de Castille.* 1 volume.
Calemard de La Fayette (Charles) : *La Prime d'honneur.* 1 volume.
— *L'Agriculture progressive.* 1 vol.
Carraud (Mᵐᵉ Z.) : *Une Servante d'autrefois.* 1 volume.
Charton (Ed.) : *Histoires de trois Enfants pauvres* (un Français, un Anglais, un Allemand), racontées par eux-mêmes et abrégées par Ed. Charton. 2ᵉ édition. 1 volume.
Corne (H.) : *Le Cardinal Mazarin.* 1 volume.
— *Le Cardinal de Richelieu.* 1 volume.
Corneille (P.) : *Chefs-d'œuvre.* 1 vol.
De la Palme : *Le Premier livre du citoyen.* 2ᵉ édition. 1 volume.
Duval (Jules) : *Notre pays.* 1 volume.
Guillemin (Amédée) : *La Lune.* 1 vol. illustré de deux grandes planches tirées hors du texte et de 46 vignettes.
Hauréau : *Charlemagne et sa Cour.* 2ᵉ édition. 1 vol.
Homère : *Les Beautés de l'Iliade et de l'Odyssée*, traduction de M. Giguet. 1 volume.
Joinville (sire de). *Histoire de saint Louis*, texte rapproché du français moderne, par Natalis de Wailly, de l'Institut. 2ᵉ édition. 1 volume.

Labouchère (Alf.) : *Oberkampf* (1738-1815). 1 volume.
La Fontaine : *Choix de fables.* 1 vol.
Molière : *Chefs-d'œuvre.* 2 volumes.
Passy (Frédéric) : *Les Machines et leur influence sur le développement de l'humanité.* 1 volume.
Racine (Jean) . *Chefs-d'œuvre.* 2 vol.
Rendu (Victor) : *Principes d'agriculture*, 2ᵉ édition. 2 volumes.
 Culture du sol, avec des vignettes dans le texte. 1 vol.
 Culture des plantes. 1 vol.
 Chaque volume se vend séparément.
Shakespeare : *Chefs-d'œuvre.* 3 vol.
Thévenin (Ev.) : *Cours d'économie industrielle* : 1ʳᵉ série. Qu'est-ce que l'économie industrielle? par M. J. Garnier; — *Du Capital*, par M. Baudrillart; — *Des Machines*, par M. Horn. 1 volume.
— 2ᵉ série, *Du Travail et du Salaire*, par M. Batbie; — *Les Corporations et la Liberté du travail*, par M. Levasseur. 1 vol.
— 3ᵉ série. *De la Société coopérative*, par M. J. Duval; — *De l'Echange et de la Monnaie*, par M. Wolowski. 1 vol. (sous presse).
— 4ᵉ série. *De l'Intérêt et de l'usure*, par M. Courcelle-Seneuil; — *Du Crédit*, par M. Coq; — *De la Liberté commerciale*, par M. F. Passy. 1 vol. (sous presse).
 Chaque série se vend séparément.
Véron (Eugène) : *Les Associations ouvrières* en Allemagne, en Angleterre et en France. 1 vol.

EN PRÉPARATION

Ernouf (le baron) : *Jacquard*; — *Philippe de Girard.* 1 vol.
— *Histoire de trois ouvriers français.* 1 volume.

Gœthe : *Chefs-d'œuvre.*
Guillemin (Am.) : *Le Soleil.*
Schiller : *Chefs-d'œuvre.*
Virgile : *Les beautés de l'Énéide.*

Imprimerie L. Toinon et Cie, à Saint-Germain.